Sabuj Khadka

Otimização dos Parâmetros de Maquinação utilizando a Metodologia de Superfície de Resposta

Sabuj Khadka

Otimização dos Parâmetros de Maquinação utilizando a Metodologia de Superfície de Resposta

Um guia completo para o projeto de experiências

ScienciaScripts

Imprint

Cover image: www.ingimage.com

This book is a translation from the original published under ISBN 978-3-659-90174-4.

Publisher:
Sciencia Scripts
is a trademark of
Dodo Books Indian Ocean Ltd. and OmniScriptum S.R.L publishing group

120 High Road, East Finchley, London, N2 9ED, United Kingdom
Str. Armeneasca 28/1, office 1, Chisinau MD-2012, Republic of Moldova, Europe
Managing Directors: Ieva Konstantinova, Victoria Ursu
info@omniscriptum.com

Printed at: see last page
ISBN: 978-620-8-63254-0

ÍNDICE

RECONHECIMENTO 2

RESUMO 3

ABREVIATURAS 4

NOMENCLATURA 5

CAPÍTULO 1 6

CAPÍTULO 2 26

CAPÍTULO 3 37

CAPÍTULO 4 43

CONCLUSÃO 63

REFERÊNCIAS 65

RECONHECIMENTO

Embora apenas meu nome apareça na capa desta dissertação, muitas pessoas contribuíram para sua produção. Devo minha gratidão a todas as pessoas que tornaram esta dissertação possível e por causa das quais minha experiência de pós-graduação foi uma experiência que guardarei para sempre.

Minha mais profunda gratidão ao meu orientador de projeto, Prof**. Prasad Raikar**, do Departamento de Design e Fabricação de Produtos, Departamento de Estudos de PG, VTU Belgaum. Tive a incrível sorte de ter um orientador que me deu a liberdade de explorar por conta própria e, ao mesmo tempo, a orientação para me recuperar quando meus passos vacilaram. Sua paciência e apoio me ajudaram a superar muitas situações de crise e a concluir esta dissertação.

Também gostaria de expressar meus sinceros agradecimentos ao **professor assistente Anil Pol**, do Departamento de Design e Fabricação de Produtos, Departamento de Estudos de PG, VTU Belgaum. Ele sempre esteve presente para ouvir e dar conselhos. Sou profundamente grato a ele pelas longas discussões que me ajudaram a resolver os detalhes técnicos do meu trabalho. Também sou grato a ele por incentivar o uso da gramática correta e da notação consistente em meus escritos e por ler e comentar cuidadosamente as inúmeras revisões deste manuscrito.

Dr. R.R Malagi, HOD, Department of Product Design and Manufacturing, Department of PG Studies, VTU Belgaum, merece uma menção especial por seus comentários perspicazes e críticas construtivas em diferentes estágios da minha pesquisa, que me ajudaram a focar em minhas ideias.

Também aproveito esta oportunidade para expressar minha profunda gratidão e **meus** cumprimentos ao **meu pai e** à **minha mãe** pelo constante incentivo durante toda a minha carreira acadêmica. A bênção e a orientação dadas por eles me levam muito longe na jornada da vida na qual estou prestes a embarcar.

Por fim, agradeço ao Todo-Poderoso, ao meu irmão, às minhas irmãs e aos meus amigos por seu constante incentivo, sem o qual este trabalho não seria possível.

Cordialmente,

SABUJ KHADKA

RESUMO

Qualidade e quantidade são dois aspectos desafiadores que precisam ser considerados nesse cenário de produção sempre competitivo. O cliente pede uma qualidade melhor, enquanto a quantidade é importante do ponto de vista industrial para maximizar o lucro. Esses dois aspectos estão inversamente relacionados um ao outro. Portanto, para a sustentabilidade dos setores de usinagem no cenário de fabricação atual, deve haver um processo otimizado que satisfaça esses dois aspectos.

As características de qualidade, como o acabamento da superfície e a taxa de remoção de material, são os principais fatores a serem considerados durante qualquer processo de usinagem. Na maioria das vezes, a competitividade no mercado é obtida pela economia das operações de usinagem. Este trabalho de pesquisa apresenta uma técnica de otimização multiobjetivo, baseada no projeto box behnken, para otimizar os parâmetros de corte de entrada na operação de torneamento CNC, a saber: velocidade, avanço e profundidade de corte.

Este trabalho de dissertação apresenta um estudo experimental da taxa de remoção de material e das características de rugosidade do perfil de superfície gerado no torneamento CNC do aço-liga EN 31. Os projetos box behnken de três níveis são empregados para desenvolver modelos matemáticos para prever a rugosidade da superfície e os parâmetros de remoção de material. A metodologia de superfície de resposta é aplicada com sucesso na análise do efeito dos parâmetros do processo em diferentes parâmetros de rugosidade da superfície. Os modelos matemáticos de segunda ordem em termos de parâmetros de usinagem são desenvolvidos com base nos resultados experimentais. A experimentação é realizada considerando três parâmetros de usinagem, a saber, velocidade de corte, avanço e profundidade de corte como variáveis independentes e parâmetros de rugosidade Ra e taxa de remoção de material como variáveis de resposta. Os modelos selecionados para otimização foram validados com o teste P. A adequação dos modelos de rugosidade da superfície foi estabelecida com a Análise de Variância (ANOVA).

Palavras chave: CNC (Controle Numérico Computadorizado), Metodologia de Superfície de Resposta, Projeto Box Behnken, Taxa de Remoção de Material (MRR), Acabamento de Superfície (SF)

ABREVIATURAS

Adj. SS	Adjusted Sum of Squares
Adj. MS	Adjusted Mean Square
ANOVA	Analysis of Variance
ANSI	American National Standards Institute
BBD	Box Behnken Design
CAD	Computer Aided Design
CAM	Computer Aided Manufacturing
CCD	Central Composite Design
CNC	Computer Numeric Control
CVD	Chemical Vapour Deposition
DF	Degree of Freedom
DOC	Depth of Cut
DOE	Design of Experiment
EDM	Electric Discharge Machine
EN	European Number
GA	Genetic Algorithm
HSS	High Speed Steel
ISO	International Organization for Standardization
MRR	Material Removal Rate
MS	Mild Steel
NC	Numeric Control
OHAS	Occupational Health and Safety
RPM	Revolution per Minute
RSM	Response Surface Methodology
SR	Surface Roughness
SS	Sum of Squares
SE Coeff.	Standard Error of the Coefficients
VMC	Vertical Machining Centre

NOMENCLATURA

v	Cutting speed
f	Feed
y	Response
e	Error
$\beta_0, \beta_1, \beta_2$	Regression coefficients
x_1, x_2, x_3	Independent variables
F	Fisher test value
P	P value
S	Standard deviation
R-sq	Coefficient of determination
R-sq (Adj)	Adjusted coefficient of determination
α	Level of significance
Ra	Central line average surface roughness
R_q	Root mean square surface roughness
R_t/R_{max}	Maximum peak to height
R_v	Maximum valley depth
R_z	Average peak to valley height
S_k	Skewness
K	Kurtosis

CAPÍTULO 1

INTRODUÇÃO

1.1 Usinagem

A usinagem é um processo no qual uma peça de matéria-prima é cortada em uma forma e tamanho finais desejados por meio de uma atividade controlada de remoção de material. Os processos tradicionais de usinagem consistem em torneamento, mandrilamento, perfuração, fresamento, brochamento, serragem, modelagem, planejamento, alargamento e rosqueamento. O processo de usinagem tradicional também é chamado de usinagem convencional. Nesses processos de usinagem convencionais, as máquinas-ferramentas, como tornos, fresadoras, furadeiras ou outras, são usadas com uma ferramenta de corte para remover material e obter uma geometria desejada **[1]**. Os novos avanços no campo da usinagem incluem a usinagem eletroquímica (ECM), a usinagem por feixe de elétrons (EBM), a usinagem por descarga elétrica (EDM), a usinagem fotoquímica e a usinagem ultrassônica etc. No uso atual, o termo "usinagem" geralmente implica os processos de usinagem tradicionais que podem ser executados em máquinas convencionais ou CNC.

A usinagem é usada para fabricar muitos produtos de metal e também pode ser usada para o processamento de materiais como madeira, plástico, cerâmica e compostos. Um maquinista é uma pessoa hábil na operação de usinagem. Uma sala, prédio ou empresa onde a usinagem é executada é chamada de oficina mecânica. Grande parte da usinagem moderna é realizada por meio de controle numérico computadorizado (CNC). O uso de computadores na usinagem para monitorar e controlar as operações de moinhos, tornos e outras máquinas de corte facilita a execução da operação de usinagem.

O corte de metal é um dos processos de fabricação mais importantes e amplamente utilizados nos setores de engenharia. O estudo do corte de metal se concentra principalmente nos atributos das ferramentas, nos materiais de trabalho de entrada e nas configurações dos parâmetros da máquina e suas influências na eficiência do processo e nas características ou respostas de qualidade de saída. Uma melhoria significativa na eficiência do processo pode ser obtida por meio da otimização dos parâmetros do processo que identifica e determina as regiões dos fatores críticos de controle do processo que levam aos resultados ou respostas desejados com variações aceitáveis, garantindo um custo menor de fabricação. O custo de usinagem, que representa mais de 15% do valor de todos os produtos manufaturados, depende da taxa de remoção de material, e os custos podem ser reduzidos com a otimização dos parâmetros de corte, como velocidade, taxa de avanço e profundidade de corte. No entanto, há limites para os parâmetros de corte acima dos quais as forças de corte excessivas e a temperatura da ponta da ferramenta podem levar à redução da vida útil da ferramenta **[2]**.

1.2 Operações de usinagem

Os três principais processos de usinagem são classificados como torneamento, perfuração e fresamento. Outras operações que se enquadram na categoria de diversas incluem: modelagem, planejamento, mandrilamento, brochamento e serramento [3]. As operações de torneamento são aquelas que giram a peça de trabalho contra a ferramenta de corte. Os tornos são a principal máquina-ferramenta usada no torneamento.

O torneamento é um processo de usinagem no qual uma ferramenta de corte, normalmente uma broca não rotativa, descreve uma trajetória helicoidal da ferramenta movendo-se linearmente enquanto a peça de trabalho gira. O eixo do movimento da ferramenta pode ser literalmente uma linha reta ou pode estar ao longo de algum conjunto de curvas ou ângulos, mas é essencialmente linear.

Normalmente, o termo "torneamento" é reservado para a geração de superfícies externas por ação de corte, enquanto essa mesma ação essencial de corte, quando aplicada a superfícies internas (ou seja, furos de um tipo ou de outro), é conhecida como "mandrilamento". Assim, a expressão "torneamento e mandrilamento" categoriza a família maior de operações (essencialmente semelhantes). O corte de faces na peça de trabalho (ou seja, superfícies perpendiculares ao seu eixo de rotação), seja com uma ferramenta de torneamento ou mandrilamento, é chamado de "faceamento" e pode ser incluído em qualquer categoria como um subconjunto.

As máquinas de torno, que exigem supervisão manual contínua, podem ser usadas para realizar operações de torneamento. O torneamento também pode ser realizado por meio de um torno automatizado que não requer supervisão. Atualmente, o tipo mais comum de automação é o controle numérico computadorizado, mais conhecido como CNC. O CNC é normalmente usado com muitos outros tipos de usinagem além do torneamento. Durante o torneamento, uma peça de material relativamente rígido (como madeira, metal, plástico ou pedra) é girada e uma ferramenta de corte é deslocada ao longo de eixos de movimento para produzir diâmetros e profundidades precisos. Com o advento do CNC, o uso de tornos convencionais ficou limitado, embora o torno tenha a capacidade de fabricar formas complexas. O uso do controle não computadorizado do caminho da ferramenta para essa finalidade está se tornando cada vez mais obsoleto diante do CNC.

1.2.1 Operação de giro

Essa operação é uma das operações de usinagem mais básicas. Aqui, a peça é girada enquanto uma ferramenta de corte de ponta única é movida paralelamente ao eixo de rotação. O torneamento pode ser feito na superfície externa da peça e também internamente. O torneamento interno é chamado de mandrilamento.

O material inicial para o torneamento é geralmente uma peça de trabalho gerada por outros processos, como fundição, forjamento, extrusão ou desenho. O torneamento reto pode ser realizado em uma peça de trabalho apoiada em um mandril, mas a maioria das peças de trabalho torneadas em um torno mecânico é torneada entre centros. O torneamento é a remoção de metal da superfície externa de peças de trabalho cilíndricas usando vários tipos de bits de ferramentas de corte.

O torneamento é usado para reduzir o diâmetro da peça de trabalho, geralmente para uma dimensão especificada, e para produzir um acabamento suave no metal. Muitas vezes, a peça de trabalho será torneada de modo que as seções adjacentes tenham diâmetros diferentes.

Fig. 1.1: Operação de torneamento sendo realizada em uma barra redonda [4]

As operações de torneamento são normalmente realizadas em um torno, considerado a máquina-ferramenta mais antiga, e podem ser de quatro tipos diferentes, como torneamento reto, torneamento cônico, perfilamento ou ranhura externa. Esses quatro tipos de processos de torneamento podem produzir diferentes formas de materiais, como peças retas, cônicas, curvas ou ranhuradas etc. Em geral, o torneamento utiliza ferramentas de corte simples de ponto único. Cada grupo de materiais da peça de trabalho tem um conjunto ideal de ângulos de ferramentas que foram desenvolvidos ao longo dos anos. Os pedaços de metal residual das operações de torneamento são chamados de "cavacos" (na América do Norte) ou "limalha" (na Grã-Bretanha). Em algumas áreas, eles podem ser chamados apenas de "torneamento".

1.2.1.1 Torneamento cônico

Torneamento cônico significa produzir uma superfície cônica por meio da redução ou do aumento gradual do diâmetro de uma peça de trabalho cilíndrica. Essa operação de afunilamento tem ampla gama de uso na construção de máquinas. No torneamento reto, a ferramenta de corte se move ao longo de uma linha paralela ao eixo do trabalho, fazendo com que o trabalho acabado tenha o mesmo diâmetro em toda a extensão; no entanto, durante o corte cônico, a ferramenta se move em um ângulo em relação ao eixo do trabalho, produzindo uma conicidade. Portanto, para tornear um cone, o trabalho deve ser montado em um torno de modo que o eixo sobre o qual ele gira esteja em um ângulo com o eixo da máquina, ou fazer com que a ferramenta de corte se mova em um ângulo com o eixo da máquina.

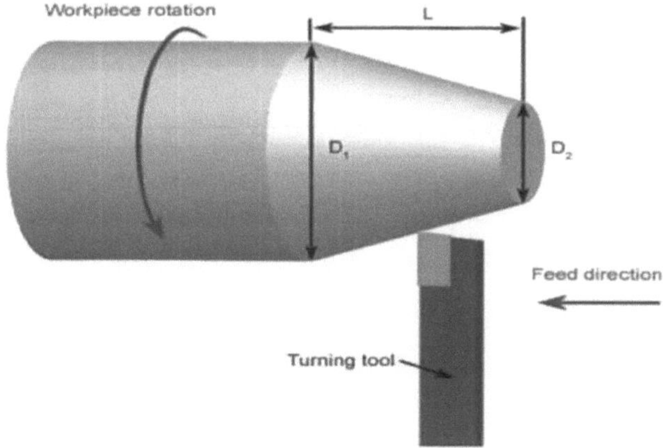

Fig. 1.2: Um esquema ilustrando o torneamento cônico [4]

O torneamento cônico pode ser realizado das seguintes maneiras:

- Por meio de uma ferramenta de formato de ponta larga.
- Ao posicionar-se sobre o centro do cabeçote móvel.
- Girando o descanso composto.
- Por meio de um acessório de torneamento cônico.
- Combinando a alimentação longitudinal e transversal em um torno especial

1.2.1.2 Torneamento difícil

A operação de torneamento realizada no material que tem dureza Rockwell superior a 45 é chamada de torneamento duro. Normalmente, ela é realizada depois que a peça de trabalho é tratada termicamente. O objetivo do processo é substituir ou limitar as operações tradicionais de retificação.

Ele é aplicado para fins puramente de remoção de material e compete favoravelmente com o desbaste. No entanto, quando é usado para acabamento em que a forma e a dimensão são críticas, a retificação é superior. A retificação produz mais precisão dimensional de arredondamento e cilindricidade. Além disso, os acabamentos de superfície polida de Rz 0,3 a 0,8 micrômetros não podem ser obtidos apenas com o torneamento duro. O torneamento rígido é adequado para peças que exigem precisão de arredondamento de 0,5 a 12 micrômetros e/ou rugosidade de superfície de Rz 0,8 a 7,0 micrômetros. Ele é usado para engrenagens, bombas de injeção e componentes hidráulicos, entre outras aplicações **[4, 5]**.

O torneamento duro, ou seja, o torneamento de metais endurecidos, tornou-se popular nos últimos anos devido à sua capacidade de gerar um acabamento de superfície de alta qualidade de forma econômica. O torneamento duro é capaz de usinar peças de trabalho complexas em uma única etapa. O torneamento duro produz acabamentos que se aproximam da qualidade da retificação. Ele consome menos tempo, é mais flexível e econômico. Embora a retificação seja o processo de acabamento típico empregado na indústria, em muitos casos o torneamento duro é a melhor opção para o acabamento interno e externo.

1.2.1.3 Enfrentamento

O termo "faceamento" é usado para descrever a remoção de material da extremidade plana de uma peça cilíndrica, como mostrado abaixo. O faceamento é frequentemente usado para melhorar o acabamento de superfícies que foram cortadas.

O faceamento é um tipo de trabalho de torneamento que envolve a movimentação da ferramenta de corte em ângulos retos em relação ao eixo de rotação da peça de trabalho em rotação. É o acabamento quadrado das extremidades da peça de trabalho e, muitas vezes, é usado para levar a peça a um comprimento específico. Nas operações de faceamento, a broca de corte não se desloca lateralmente (esquerda ou direita), mas corta para dentro ou para fora do eixo da peça.

O faceamento das extremidades geralmente é realizado antes das operações de torneamento. Isso pode ser feito pela operação da corrediça transversal, se houver uma levantada, diferentemente do avanço longitudinal. Frequentemente, essa é a primeira operação realizada na produção da peça de trabalho e, muitas vezes, também a última.

Fig. 1.3: Faceamento de uma barra cilíndrica [6]

1.3 Uma visão geral da tecnologia de usinagem

A usinagem é qualquer processo no qual uma ferramenta de corte é usada para remover material na forma de pequenos cavacos da peça de trabalho (a peça de trabalho é geralmente chamada de "parte"). Para realizar a operação, é necessário um movimento relativo entre a ferramenta e a peça. Esse movimento relativo é obtido na maioria das operações de usinagem por meio de um movimento primário, chamado de "velocidade de corte", e um movimento secundário chamado de "avanço". O formato da ferramenta e sua penetração na superfície de trabalho, combinados com esses movimentos, produzem o formato desejado da peça de trabalho resultante [4].

1.3.1Variantes de máquinas CNC

Os tornos CNC estão substituindo rapidamente os tornos de produção mais antigos devido à sua facilidade de configuração, operação, repetibilidade e precisão. Eles são projetados para usar ferramentas modernas de metal duro e são mais compatíveis com a tecnologia moderna. A peça pode ser projetada e os caminhos da ferramenta são programados pelo processo CAD/CAM (ou manualmente pelo programador) e o arquivo resultante é carregado na máquina. Após a configuração e a realização de testes, a máquina continuará a produzir peças sob a supervisão ocasional de um operador. Veja a seguir algumas das poucas áreas em que o CNC está funcionando com sucesso:

- Máquinas de bordar
- Tornos
- Máquinas de fresagem
- Tupias para madeira
- Trabalhos com chapas metálicas (punção de torre)
- Máquinas de dobrar fios
- Cortadores de espuma com fio quente
- Cortadores a plasma
- Cortadores a jato de água
- Corte a laser
- Combustível oxigenado
- Esmerilhadeiras de superfície
- Esmerilhadeiras cilíndricas
- Impressão 3D
- Máquinas de endurecimento por indução
- Soldagem submersa
- Corte com faca
- Corte de vidro

Uma interface de estilo de menu de computador é usada para controlar eletronicamente a máquina. O programa pode ser modificado e exibido na máquina, juntamente com uma visualização simulada do processo. O configurador/operador precisa de um alto nível de habilidade para executar o processo, mas a base de conhecimento é mais ampla em comparação com as máquinas de produção mais antigas, nas quais o conhecimento profundo de cada máquina era considerado essencial. Essas máquinas geralmente são ajustadas e operadas pela mesma pessoa, sendo que o operador supervisiona várias máquinas.

O projeto de um torno CNC varia de um fabricante para outro, mas todos eles têm alguns elementos em comum, como a torre que abriga os porta-ferramentas e pode ser indexada de acordo com a necessidade, o fuso que abriga a peça de trabalho e os deslizadores que permitem que a torre se mova em vários eixos simultaneamente. As máquinas geralmente são totalmente fechadas, em grande parte devido a questões de saúde e segurança ocupacional (OHAS). Com o rápido crescimento desse setor, diferentes fabricantes de tornos CNC usam diferentes interfaces de usuário que, às vezes, dificultam o trabalho dos operadores, pois eles precisam se familiarizar com elas. Com o advento de computadores baratos, sistemas operacionais gratuitos, como o Linux, e software CNC de código aberto, a tecnologia de controle de qualidade está se tornando cada vez mais popular: Linux e software CNC de código aberto, o preço total das máquinas CNC foi reduzido.

Como um componente específico pode exigir o uso de várias ferramentas diferentes - brocas, serras etc. -, as máquinas modernas geralmente combinam várias ferramentas em uma única "célula". Em outras instalações, várias máquinas diferentes são usadas com um controlador externo e operadores humanos ou robóticos que movem o componente de uma máquina para outra. Em ambos os casos, a série de etapas necessárias para produzir qualquer peça é altamente automatizada e produz uma peça que se aproxima do projeto CAD original.

Atualmente, cada vez mais máquinas com controle numérico computadorizado (CNC) estão sendo usadas em todos os tipos de processos de fabricação. Em uma máquina CNC, funções como: capacidade de edição de programas, armazenamento de programas, deslocamento e compensação de ferramentas, vários graus de computação e capacidade de enviar e receber dados de várias fontes, inclusive de locais remotos, podem ser facilmente realizadas por meio de um computador de bordo.

Com a evolução da tecnologia, os computadores substituíram os controladores mais inflexíveis encontrados nas máquinas NC; daí o surgimento da era CNC. As máquinas-ferramentas CNC usam programas de software para fornecer as instruções necessárias para controlar os movimentos dos eixos, as velocidades do fuso, as trocas de ferramentas e assim por diante. As máquinas-ferramentas CNC permitem vários eixos de movimento simultâneo, resultando em capacidade de contorno 2D e 3D. A tecnologia CNC também aumenta a produtividade e o controle de qualidade, permitindo que várias peças sejam produzidas usando o mesmo programa e ferramentas.

1.3.1.1 Vantagens/desvantagens do CNC

O CNC oferece inúmeras vantagens, das quais algumas são apresentadas a seguir.

- Alta precisão e repetibilidade
- Aumento da produtividade
- Redução do custo de produção

- Maior flexibilidade na mudança de emprego
- Redução da taxa de rejeição e menos sucata
- Redução do custo de ferramentas
- Aumento da velocidade de produção de peças
- Desempenho consistente
- Melhor precisão dimensional, o que proporciona dimensões exatas e corretas
- Maior capacidade de produzir peças de natureza complexa.

Embora ofereça várias vantagens, ainda possui algumas desvantagens,

- Configuração cara, ou seja, é necessário um alto investimento inicial
- São necessários operadores qualificados, ou seja, é necessário um funcionário com conhecimento de programação
- A manutenção é difícil e cara
- Financeiramente não é vantajoso para baixos níveis de produção

1.3.2Torno CNC / Centro de torneamento CNC

CNC significa controle numérico computadorizado. Qualquer máquina-ferramenta (por exemplo, fresadora, torno, furadeira etc.) que usa um computador para controlar eletronicamente o movimento de um ou mais eixos da máquina é chamada de máquina CNC.

A máquina de controle numérico (NC) é uma máquina-ferramenta automatizada que é operada por comandos programados com precisão e codificados em um meio de armazenamento (em contraste com o controle manual por meio de rodas manuais, alavancas ou cames). Atualmente, a maioria das máquinas NC é controlada por computador numérico (CNC), em que os computadores são parte integrante do controle. As primeiras máquinas NC foram construídas nas décadas de 1940 e 1950, com base em ferramentas existentes que foram modificadas com motores que moviam os controles para seguir os pontos alimentados no sistema em fita perfurada. Esses primeiros servomecanismos foram rapidamente ampliados com computadores analógicos e digitais, criando as modernas máquinas-ferramentas CNC que revolucionaram os processos de usinagem posteriormente.

O centro de torneamento CNC é um nome comum para um torno CNC. Os tornos diferem dos moinhos porque são usados principalmente para produzir peças de trabalho cilíndricas, como eixos, tubos, anéis e roscas de parafusos.

1.3.2.1 Parâmetros de corte no torneamento CNC

Há vários fatores que influenciam a operação de torneamento CNC, dos quais três fatores principais são a velocidade de corte, a taxa de avanço e a profundidade de corte.

a. Taxa de alimentação

É a distância que a ferramenta percorre ao longo do trabalho ou que o trabalho percorre para sair completamente da ferramenta a cada rotação do trabalho ou da fresa. Em outras palavras, a taxa de avanço é a velocidade na qual o cortador é alimentado, ou seja, avançado contra a peça de trabalho. Ela é expressa em unidades de distância por rotação para torneamento e perfuração (normalmente polegadas por rotação ou milímetros por rotação). Também pode ser expresso dessa forma para fresamento, mas geralmente é expresso em unidades de distância por tempo para fresamento (geralmente polegadas por minuto ou milímetros por minuto), com considerações sobre quantos dentes a fresa tem, determinando o que isso significa para cada dente. A taxa de avanço depende do:

- Tipo de ferramenta
- Potência disponível no fuso
- Resistência da peça de trabalho
- Rugosidade desejada da superfície
- Rigidez da máquina e da configuração da ferramenta

Ao decidir qual taxa de avanço usar para uma determinada operação de corte, o cálculo é bastante simples para ferramentas de corte de ponta única, pois todo o trabalho de corte é feito em um ponto (feito por "um dente", por assim dizer). Em uma fresadora ou juntadeira, onde estão envolvidas ferramentas de corte com várias pontas e caneluras, a taxa de avanço desejável passa a depender do número de dentes da fresa, bem como da quantidade desejada de material por dente a ser cortado (expressa como carga de cavacos). Quanto maior for o número de arestas de corte, maior será a taxa de avanço permitida: para que uma aresta de corte trabalhe de forma eficiente, ela deve remover material suficiente para cortar em vez de friccionar; ela também deve fazer sua parte justa do trabalho.

A fórmula fornecida abaixo na equação 1 pode ser usada para calcular a taxa de avanço que a fresa percorre dentro ou ao redor do trabalho. Essa fórmula pode ser aplicada a fresas em uma fresadora, prensa de perfuração e várias outras máquinas-ferramentas. No entanto, ela não deve ser usada em operações de torneamento CNC, pois a taxa de avanço em um CNC é dada como avanço por revolução.

$$\mathbf{FR = RPM * T * CL} \ldots\ldots\ldots\ldots\ldots\ldots \text{(1)}$$

Onde,

- FR = a taxa de avanço calculada em polegadas por minuto ou mm por minuto.
- RPM = é a velocidade calculada para o cortador.
- T = Número de dentes no cortador.
- CL = Carga de cavacos ou avanço/dente. Esse é o tamanho do cavaco que cada dente do cortador recebe.

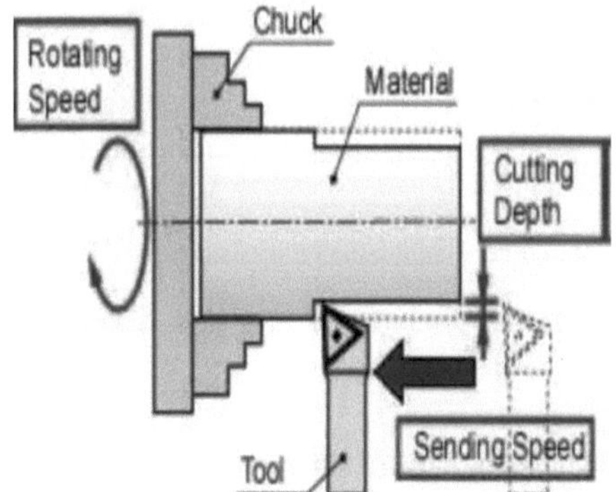

Fig. 1.4: Parâmetros de processo no torneamento de uma barra cilíndrica [7]

b. Velocidade de corte

A velocidade de corte pode ser definida como a velocidade na qual a borda de corte da ferramenta ou do cortador passa sobre o material. Ela é expressa em metros/minuto. Também é chamada de velocidade de superfície ou simplesmente velocidade.

É a taxa na qual o material passa pela aresta de corte da ferramenta, independentemente da operação de usinagem utilizada. Uma velocidade de corte para aço doce de 100 pés/min (ou aproximadamente 30 metros/min) é a mesma, seja a velocidade do cortador (estacionário) passando sobre a peça de trabalho (em movimento), como em uma operação de torneamento, ou a velocidade do cortador (rotativo) passando por uma peça de trabalho (estacionária), como em uma operação de fresamento. O que afetará o valor dessa velocidade de superfície para o aço doce são as condições de corte. A velocidade de corte é dada como

$$\textbf{Cutting speed} = \pi * \textbf{D} * \textbf{N} \quad \text{.. (2)}$$

Onde,

D é o diâmetro da peça de trabalho.

N é a velocidade do fuso.

Para um determinado material, haverá uma velocidade de corte ideal para um certo conjunto de condições de usinagem e, a partir dessa velocidade, a velocidade do fuso (RPM) pode ser calculada.

Os fatores que afetam o cálculo da velocidade de corte são:

- O material da ferramenta de corte
- Avanço e profundidade de corte
- Uso de fluidos de corte
- Usinabilidade do material
- Condição da máquina-ferramenta

As velocidades de corte são calculadas com base no pressuposto de que existem condições ideais de corte, que incluem:

- Taxa de remoção de metal
- Fluxo total e constante de fluido de corte (resfriamento adequado e lavagem de cavacos)
- Rigidez da máquina e da configuração da ferramenta (redução de vibração ou vibração)
- Condição do material (carepa de laminação, pontos duros devido à formação de ferro fundido branco nas peças fundidas)
- Continuidade do corte (em comparação com um corte interrompido, como a usinagem de material de seção quadrada em um torno)

c. Profundidade de corte

A profundidade de corte é a diferença de altura entre a superfície usinada e a superfície de trabalho. A velocidade de corte e a taxa de avanço se unem à profundidade de corte para determinar a taxa de remoção de material, que é o volume de material da peça de trabalho (metal, madeira, plástico etc.) que pode ser removido por unidade de tempo. É a diferença entre o raio da barra antes e depois de fazer os cortes.

Em outras palavras, a profundidade do cavaco retirada pela ferramenta de corte e a metade da quantidade total removida da peça de trabalho em um corte é a profundidade de corte. É importante observar, no entanto, que o diâmetro da peça de trabalho é reduzido em duas vezes a profundidade de corte porque essa camada está sendo removida de ambos os lados da peça.

$$\mathbf{d_{cut}} = \frac{D-d}{2} \qquad (3)$$

Onde,

D = diâmetro inicial do trabalho

d = diâmetro fi nal do trabalho

1.4 Variáveis de resposta no torneamento CNC

Várias respostas podem ser observadas e estudadas no torneamento CNC. Além da rugosidade da superfície e da taxa de remoção de material, outras respostas, como custo de usinagem, necessidade de energia etc., também podem ser estudadas.

1.4.1 Rugosidade da superfície

A rugosidade da superfície determina como um objeto real interage com seu ambiente. As superfícies ásperas geralmente se desgastam mais rapidamente e têm coeficiente de atrito mais alto do que as superfícies lisas. A rugosidade costuma ser um bom indicador do desempenho de componentes mecânicos, pois as irregularidades na superfície podem formar locais de nucleação para rachaduras ou corrosão. A qualidade da superfície é um requisito importante para muitas peças de máquinas. O objetivo do processo de metal não é apenas dar forma aos componentes usinados, mas também fabricá-los de modo que possam cumprir suas funções de acordo com considerações geométricas, dimensionais e de superfície. Devido à crescente demanda por produtos de qualidade, os engenheiros de fabricação enfrentam o difícil problema de aumentar a produtividade sem comprometer a qualidade **[7, 8]**.

A rugosidade da superfície é uma medida da textura de uma superfície. Ela é medida pelos desvios verticais de uma superfície real em relação à sua forma ideal. Se esses desvios forem grandes, a superfície é áspera; se forem pequenos, a superfície é lisa. Na maioria das vezes, a rugosidade é uma propriedade indesejável na fabricação. O controle da rugosidade da superfície consome muito tempo e é caro. Diminuir a rugosidade de uma superfície geralmente aumenta exponencialmente os custos de fabricação. Isso geralmente resulta em uma compensação entre o custo de fabricação de um componente e seu desempenho.

A rugosidade da superfície geralmente é caracterizada por um dos dois descritores estatísticos de altura defendidos pelo American National Standards Institute (ANSI) e pela International Organization for Standardization (ISO). São eles

I. R_a, CLA (média da linha central) ou AA (média aritmética) e

II. O desvio padrão ou a variação (σ), R_q ou raiz quadrada média (RMS).

Dois outros descritores estatísticos de altura são a assimetria (S_k) e a curtose (K); esses são raramente usados. Outra medida da rugosidade da superfície é um descritor de altura de valor extremo Rt (ou R_y, R_{max}, ou altura máxima do pico ao vale ou simplesmente distância P-V). Quatro outros descritores de altura de valor extremo em uso limitado são: R_p (altura máxima do pico, altura máxima do pico à média ou simplesmente distância P-M), R_v (profundidade máxima do vale ou altura média ao menor vale), R_z (altura média do pico ao vale) e R_{pm} (altura média do pico à média) **[7]**.

Os parâmetros de altura R_a e R_t são mais comumente especificados para componentes de máquinas. Para a caracterização completa de um perfil ou de uma superfície, nenhum dos parâmetros discutidos anteriormente é suficiente. Esses parâmetros são vistos como sendo primariamente relacionados ao desvio relativo do perfil apenas na direção vertical; eles não fornecem nenhuma informação sobre as inclinações, formas e tamanhos das asperezas ou sobre a frequência e a regularidade de sua ocorrência. Há dois métodos usados para medir a rugosidade da superfície **[9, 10]**.

i. Inspeção de superfície por método de comparação: por exemplo, inspeção de resistência, inspeção visual, inspeção de arranhões, inspeção microscópica, inspeção visual, fotografia de superfície, intensidade de luz refletida etc. e

ii. Método de instrumento direto: por exemplo, método de seção de luz, testador de rugosidade de superfície Forster, Profilógrafo, medidor de rugosidade de superfície Tomlinson, Telysurf etc.

1.4.2Material taxa de remoção

A taxa de remoção de material (MRR) no torneamento é o material ou metal que é removido por unidade de tempo em mm³/seg. Para cada revolução da peça de trabalho, uma camada de material em forma de anel é removida **[7]**. Esse é um termo de produção geralmente medido em polegadas cúbicas por minuto. Obviamente, o aumento dessa taxa fará com que o trabalho seja feito mais rapidamente e, portanto, possivelmente por menos dinheiro, mas o aumento da taxa de remoção de material geralmente é complementado pelo aumento do desgaste da ferramenta, do acabamento superficial ruim, das tolerâncias ruins e de outros problemas. A taxa de remoção de material pode ser quantificada como:

$$\textbf{Material Removal Rate (MRR)} = \mathbf{v \times f \times d\ mm^3/sec} \ldots\ldots (4)$$

Onde,

v = velocidade de corte em mm/seg.

d = profundidade de corte em mm

f = avanço em mm/rot

Um processo que remove metal a uma taxa mais rápida pode não ser o processo econômico, já que a energia consumida e o fator de custo são levados em consideração. Por isso, para comparar dois processos, é determinada a quantidade de metal removido por unidade de energia consumida. Isso é chamado de "taxa específica de remoção de metal" e é expresso como $mm^3/W/min$, se o consumo de energia for medido em watts.

$$MRR = \left(\frac{\pi D2}{4} - \frac{\pi d2}{4}\right) * F * RPM \text{.............................. (5)}$$

Onde,

D = diâmetro da peça de trabalho antes do corte

d = diâmetro da peça de trabalho após o corte

1.5 Aço EN 31

O material usado para os experimentos é o aço de grau EN-31, que é popularmente usado em aplicações do tipo automotivo, como eixos, rolamentos, fusos e matrizes de moldagem etc. Sua composição química e propriedades são apresentadas na tabela abaixo.

O EN 31 é um aço de liga de alto carbono que atinge um alto grau de dureza com força de compressão e resistência à abrasão. É usado principalmente na fabricação de componentes de rolamentos de rolos, como freios, rolos cilíndricos, cônicos e de agulha.

O EN 31 é uma liga de aço de alta qualidade que oferece boa ductilidade e propriedades de resistência a choques combinadas com resistência ao desgaste. Esse aço é conhecido basicamente como aço para rolamentos e é usado para a produção de rolamentos no setor industrial. Suas características o tornam disponível para a fabricação de componentes sujeitos a abrasão severa, desgaste ou alta carga superficial.

Tabela 1.1: Composição química do aço EN 31 [11]

Elemento	Composição química (% em peso)
C	1.08 %
Si	0.25 %
Mn	0.53 %
S	0.015 %
P	0.022 %
Ni	0.33 %
Cr	1.46 %
Mo	0.06 %

Tabela 1.2: Propriedades mecânicas da EN 31 [7]

Elemento	Objetivo
Resistência à tração	750 N/mm^2
Tensão de escoamento	450 N/mm^2
Redução de área	45 %
Alongamento	30 %

Módulo de elasticidade	215000 N/mm^2
Densidade	7,8 kg/m^3
Dureza	60 HRC

Tabela 1.3: Propriedades de tratamento térmico da EN31 [7]

Elemento	Objetivo
Temperatura de endurecimento	802^{0}C - 860^{0}C
Meio de resfriamento	Óleo
Temperatura de revenimento	180^{0}C - 225^0 C
Dureza Brinell-Rockwell	59 - 65

1.6 Declaração do problema

O estabelecimento de parâmetros de usinagem eficientes confrontou os setores de manufatura por quase um século e ainda é objeto de muitos estudos. Os parâmetros ideais de usinagem são de grande preocupação nos ambientes de fabricação, onde a economia da operação de usinagem desempenha um papel fundamental na competitividade no mercado.

Nas operações de usinagem, a qualidade do acabamento da superfície e o MRR desempenham um papel importante para muitas peças torneadas. Estudos revelaram que os parâmetros de usinagem, como velocidade de corte, taxa de avanço e profundidade de corte, afetam significativamente as características de desempenho. Portanto, para obter o melhor resultado, torna-se inevitavelmente necessário selecionar as configurações de usinagem mais adequadas para obter maior eficiência de corte e maior produtividade.

1.7 Revisão de artigos de pesquisa

Um levantamento detalhado dos trabalhos de pesquisa publicados recentemente em periódicos eminentes foi estudado em profundidade para adquirir o melhor conhecimento e as restrições do estudo.

Adarsh kumar et. al. [6] investigaram os efeitos dos parâmetros de corte como velocidade do fuso, avanço e profundidade de corte no acabamento da superfície do EN-8. Eles realizaram uma análise de regressão múltipla (RA) usando a análise de variância para determinar o desempenho das medições experimentais e para mostrar o efeito dos parâmetros de corte na rugosidade da superfície. A modelagem de regressão múltipla foi realizada para prever a rugosidade da superfície usando parâmetros de usinagem. Os autores concluíram que o avanço tem o efeito variável sobre a rugosidade da superfície. A relação entre a taxa de avanço e a rugosidade da superfície é proporcional, e eles até mostraram a relação entre o aumento da taxa de avanço e o aumento da rugosidade da superfície. Na rugosidade da superfície, o efeito da taxa de avanço é mais considerável do que o da velocidade de corte.

C R Barik, N K Mandal [7] estudaram as características da rugosidade da superfície durante o torneamento CNC do aço de liga EN 24 e tentaram otimizar os parâmetros de usinagem com base no algoritmo genético. Eles usaram projetos de três níveis de composição central para desenvolver um modelo matemático e a experimentação foi realizada considerando três parâmetros de usinagem, a saber, velocidade do fuso, avanço e profundidade de corte como variáveis independentes e rugosidade da superfície como variáveis de resposta. Eles observaram que o parâmetro de rugosidade diminui com o aumento da velocidade do fuso e da profundidade de corte, mas aumenta com o aumento da taxa de avanço.

Kirby [8] desenvolveu o modelo de previsão da rugosidade da superfície na operação de torneamento. O modelo de regressão foi desenvolvido por um único parâmetro de corte e as vibrações ao longo de três eixos foram escolhidas para o sistema de previsão de rugosidade da superfície em processo. Usando regressão múltipla e análise de variância (ANOVA), ele observou uma forte relação linear entre os parâmetros (taxa de avanço e vibração medida em três eixos) e a resposta (rugosidade da superfície). Os autores demonstraram que a velocidade do fuso e a profundidade de corte talvez não precisem ser necessariamente fixas para um modelo eficaz de previsão de rugosidade da superfície.

Mihir T. Patel , Vivek A. Deshpande [10] estudaram a otimização dos parâmetros de usinagem para o torneamento de diferentes ligas de aço usando CNC. Seu principal objetivo era identificar os motivos da queda do nível de qualidade no processo de fabricação. Para isso, eles tentaram descobrir o efeito de diferentes parâmetros de entrada de usinagem sobre a taxa de remoção de material, a rugosidade da superfície, o consumo de energia, o desgaste da ferramenta, a vibração etc. A abordagem Taguchi e ANOVA foi usada para determinar quais parâmetros são mais significativos. Eles descobriram que, para a rugosidade da superfície, os parâmetros mais significativos são a velocidade, o avanço e o raio da ponta e o parâmetro menos significativo é a profundidade de corte e, para a MRR, os parâmetros mais significativos são DOC, avanço e velocidade e o parâmetro menos significativo é o raio da ponta.

L.B. Abhang et al. [11], em seu artigo, discutem a importância da utilização da modelagem de regressão no processo de torneamento do aço EN 31 usando a metodologia de superfície de resposta (RSM) com projeto fatorial de experimentos. Eles desenvolveram um modelo empírico considerando os parâmetros de corte de velocidade de corte, taxa de avanço, profundidade de corte, raio da ponta da ferramenta e concentração de lubrificantes como variáveis de modelo e rugosidade da superfície como variável de resposta. Além disso, realizaram uma análise ANOVA para identificar a influência dos parâmetros do processo e sua interação durante a usinagem. A partir da análise, eles observaram que a taxa de avanço é o fator mais significativo na rugosidade da superfície, seguido pela velocidade de corte e pela profundidade de corte em um nível de confiança de 95%. O raio da ponta da ferramenta e a concentração de lubrificantes parecem ser estatisticamente menos significativos em um nível de confiança de 95%. Além disso, a interação da velocidade de corte/taxa de avanço, velocidade de corte/raio da ponta e profundidade de corte/raio da ponta foram consideradas estatisticamente significativas no acabamento da superfície porque seus valores de p são menores que 5%. Assim, eles concluíram que a metodologia de superfície de resposta combinada com o projeto de experimento fatorial é uma excelente técnica para realizar a análise de tendências da rugosidade da superfície em relação a várias combinações de variáveis de projeto (velocidade de corte do metal, taxa de avanço, profundidade de corte, raio da ponta da ferramenta e concentração de lubrificantes sólido-líquido).

Feng e Wang [12] investigaram a previsão da rugosidade da superfície na operação de torneamento de acabamento, desenvolvendo um modelo empírico ao considerar os parâmetros de trabalho: dureza da peça (material), avanço, ângulo da ponta da ferramenta de corte, profundidade de corte, velocidade do fuso e tempo de corte. Técnicas de mineração de dados, análise de regressão não linear com transformação de dados logarítmicos foram empregadas para desenvolver o modelo empírico para prever a rugosidade da superfície. Seu modelo empírico é estatisticamente adequado com base em testes de hipóteses e pode ser usado para prever o valor da rugosidade durante a operação de torneamento.

Sing e Kumar [13] concentraram seu estudo na otimização da força de avanço por meio da definição do valor ideal dos parâmetros do processo, ou seja, velocidade, avanço e profundidade de corte no torneamento do aço EN24 com pastilhas de carboneto de tungstênio revestidas de TiC. Eles usaram a abordagem de projeto de parâmetros de Taguchi e concluíram que o efeito da profundidade de corte e do avanço na variação da força de avanço foi mais afetado em comparação com a velocidade.

R. Jalili Saffar, et al. [14] realizaram experimentos para minimizar a deflexão da ferramenta na operação de fresamento de topo usando algoritmo genético. A tentativa deles foi otimizar os parâmetros de usinagem para reduzir a deflexão da ferramenta. Os resultados obtidos por eles indicaram que os parâmetros otimizados são capazes de usinar a peça de trabalho com mais precisão e com melhor acabamento superficial. Os autores concluíram que, com o sistema de otimização baseado em GA, seria possível aumentar a precisão da usinagem (rugosidade da superfície e tolerâncias geométricas) usando parâmetros de corte otimizados.

Lan [15] considerou a otimização de quatro parâmetros de corte: velocidade, avanço, profundidade de corte e escoamento da ponta variando em três níveis para prever a rugosidade da superfície do produto torneado CNC. Por meio dos resultados de usinagem do torno CNC, eles mostraram que tanto a taxa de desgaste da ferramenta quanto o MRR dos parâmetros competitivos otimizados são bastante avançados com uma pequena redução na rugosidade da superfície em comparação com os parâmetros de referência. Eles não apenas propuseram uma abordagem de otimização competitiva usando uma matriz ortogonal, mas também contribuíram com uma técnica satisfatória para vários objetivos de torneamento CNC com uma visão profunda.

Thamma [16], em 2008, construiu o modelo de regressão para descobrir a combinação ideal de parâmetros de processo na operação de torneamento para peças de alumínio 6061. O estudo destacou que a velocidade de corte, a taxa de avanço e o raio da ponta tiveram um impacto importante na rugosidade da superfície. Superfícies mais lisas podem ser produzidas quando usinadas com uma velocidade de corte mais alta, menor taxa de avanço e menor raio de ponta.

Upinder Kumar Yadavet et al. [17] otimizaram os parâmetros de usinagem para a rugosidade da superfície no torneamento CNC pelo método Taguchi. Em seu estudo, eles investigaram o efeito e a otimização dos parâmetros de usinagem (velocidade de corte, taxa de avanço e profundidade de corte) na rugosidade da superfície. Uma matriz ortogonal L27, análise de variância (ANOVA) e a relação sinal-ruído (S/N) foram usadas em seu estudo. Foram usados três níveis de parâmetros de usinagem e os experimentos foram feitos no torno CNC STALLION-100 HS. Eles concluíram que a taxa de avanço é o fator mais significativo que afeta a rugosidade da superfície, seguido pela profundidade de corte. A velocidade de corte é o fator menos significativo que afeta a rugosidade da superfície.

Harisk Kumar et. al. [18] realizaram experimentos em MS 1010 com uma ferramenta HSS usando uma máquina de torno CNC em condições secas. Para análise, eles usaram velocidade, avanço e profundidade de corte como parâmetros de entrada e rugosidade da superfície como parâmetro de saída. Eles analisaram os dados usando a metodologia Taguchi e ANOVA. Eles concluíram que, para o MS 1010, a velocidade é o parâmetro mais significativo para a rugosidade da superfície e a profundidade de corte é o parâmetro menos significativo para a rugosidade da superfície.

Milon D. Selvam et al. [19], em 2012, realizaram uma série de experimentos para investigar a influência dos parâmetros de corte, como velocidade de corte, taxa de avanço e profundidade de corte, na rugosidade da superfície na operação de fresamento de face. Os autores usaram a técnica de Taguchi e o Algoritmo Genético (GA) para minimizar a rugosidade da superfície na usinagem de aço doce com três ferramentas de carboneto revestidas de zinco inseridas em uma fresadora de face de 25 mm de diâmetro. O estudo experimental foi realizado em um centro de usinagem vertical (VMC) CNC da série FANUC. A combinação ideal de parâmetros de usinagem foi encontrada por meio da técnica de Taguchi e ajustada com o algoritmo genético. Os resultados de ambas as técnicas foram comparados e a configuração ideal da combinação de parâmetros de usinagem foi sugerida para obter o mínimo de rugosidade da superfície.

Deepak Mittal et al. [20] investigaram o efeito dos parâmetros do processo no torneamento de titânio grau 2 em um torno convencional. A abordagem de um fator por vez foi usada para conduzir o experimento. Seu estudo revelou que a taxa de remoção de material é diretamente influenciada por todos os três parâmetros do processo, ou seja, velocidade do fuso, taxa de avanço e profundidade de corte. Eles também observaram que o efeito da velocidade do fuso e da taxa de avanço é maior em comparação com a profundidade de corte.

Davinder Sethi, Vinod Kumar [21] realizaram investigações experimentais sobre o desgaste da ferramenta no torneamento do aço de liga EN 31 com diferentes parâmetros de corte. Eles desenvolveram um modelo matemático para o desgaste do flanco usando a metodologia de superfície de resposta. Esse modelo matemático foi utilizado para correlacionar parâmetros de corte independentes, como velocidade de corte, taxa de avanço e profundidade de corte, com parâmetros dependentes de desgaste de flanco. Eles usaram um projeto composto central para conduzir os experimentos. Seus resultados experimentais revelaram que a velocidade de corte é o fator mais significativo que afeta o desgaste do flanco, seguido pela profundidade de corte e pela taxa de avanço. Eles concluíram que o desgaste do flanco aumenta com o aumento de todos os três parâmetros de corte.

R. Suresh, S. Basavarajappa et al. [22] tentaram analisar a influência da velocidade de corte, da taxa de avanço, da profundidade de corte e do tempo de usinagem nas características de usinabilidade, como força de usinagem, rugosidade da superfície e desgaste da ferramenta, usando modelos matemáticos de segunda ordem baseados na metodologia de superfície de resposta (RSM) durante o torneamento do aço de baixa liga de alta resistência AISI 4340 usando pastilhas de metal duro revestidas. Eles planejaram um projeto fatorial completo para a investigação. Sua análise paramétrica revelou que a combinação de baixa taxa de avanço, baixa profundidade de corte e baixo tempo de usinagem com alta velocidade de corte é benéfica para minimizar a força de usinagem e a rugosidade da superfície. Por outro lado, os gráficos de interação sugeriram que o emprego de velocidade de corte mais baixa com menor taxa de avanço pode reduzir o desgaste da ferramenta.

Sahoo, P. [23], estudou as características de rugosidade do perfil de superfície gerado no torneamento CNC do aço doce AISI 1040 el. Foram empregados projetos compostos centrais rotativos de três níveis para o desenvolvimento de modelos matemáticos para a previsão dos parâmetros de rugosidade da superfície. Ele realizou sua experimentação considerando três parâmetros de usinagem, a saber, profundidade de corte, velocidade do fuso e taxa de avanço como variáveis independentes e três parâmetros de rugosidade diferentes, a saber, rugosidade média da linha central, rugosidade quadrada média e espaçamento de pico da linha média como variáveis de resposta. Seu estudo apoiou o estudo de C. R. Barik e N. K. Mandal. Assim como C. R. Barik e N. K. Mandal, ele também observou que os parâmetros de rugosidade da superfície diminuem com o aumento da profundidade de corte e da velocidade do fuso, mas aumentam com o aumento da taxa de avanço.

Com base na revisão da literatura, fica evidente que uma melhoria significativa na eficiência do processo pode ser obtida por meio da otimização dos parâmetros do processo, que identifica e determina as regiões dos fatores críticos de controle do processo que levam aos resultados ou respostas desejados com variação aceitável, garantindo um custo menor de fabricação.

A literatura destaca o imenso esforço feito por pesquisadores anteriores para otimizar vários parâmetros de resposta em relação à operação de torneamento. A aplicação de métodos híbridos de Taguchi foi amplamente tentada pelos pesquisadores. Entretanto, a desvantagem dessas abordagens é a suposição irrealista da inexistência de correlação entre as respostas. Para superar essa deficiência, o presente estudo sugere a aplicação da metodologia de superfície de resposta, ou seja, o projeto Box behnken, para a otimização dos parâmetros de corte de entrada na operação de torneamento CNC.

1.8 Objetivos

A pesquisa bibliográfica mostra que muitos pesquisadores realizaram um grande volume de trabalho no passado para modelagem, simulação e otimização paramétrica da taxa de remoção de material e das propriedades da superfície da peça de trabalho. Vários problemas relacionados ao desgaste da ferramenta, à vida útil da ferramenta, à força de avanço, à deflexão da ferramenta etc. foram tentados usando vários métodos estatísticos. Foram estudados processos de otimização não só de resposta única, mas também de resposta múltipla, usando vários métodos estatísticos.

O objetivo desta pesquisa é investigar o efeito da velocidade de corte, do avanço e da profundidade de corte na rugosidade da superfície e na taxa de remoção de material. Os principais objetivos do meu estudo são descobrir as combinações de tratamento adequadas dos parâmetros de entrada para que a taxa de remoção de material e o acabamento da superfície sejam otimizados, individual e coletivamente. Além disso, o objetivo é desenvolver um modelo empírico capaz de prever com precisão os parâmetros de saída em uma faixa especificada.

CAPÍTULO 2

FERRAMENTAS E TÉCNICAS

Este capítulo se concentra em fornecer informações sobre como o projeto foi realizado. Ele trata não apenas da metodologia adotada para conduzir o experimento, mas também fornece informações sobre o material (ferramenta e peça de trabalho) e a máquina usada durante a experimentação. Além disso, ele também tenta convencer o leitor da técnica de análise de dados que foi adotada para analisar os dados observados obtidos no experimento.

2.1 Projeto experimental

O termo experimento é definido como o procedimento sistemático realizado sob condições controladas para descobrir um efeito desconhecido, para testar ou estabelecer uma hipótese ou para ilustrar um efeito conhecido. Ao analisar um processo, os experimentos costumam ser usados para avaliar quais entradas do processo têm um impacto significativo sobre a saída do processo e qual deve ser o nível-alvo dessas entradas para alcançar um resultado desejado (saída). Os experimentos podem ser projetados de várias maneiras diferentes para coletar essas informações. O Design de Experimentos (DOE) também é chamado de Experimentos Projetados ou Design Experimental - todos os termos têm o mesmo significado.

O projeto de experimentos (DOE) é uma abordagem sistemática e rigorosa para a solução de problemas de engenharia que aplica princípios e técnicas no estágio de coleta de dados para garantir a geração de conclusões de engenharia válidas, defensáveis e sustentáveis **[24]**. Além disso, tudo isso é realizado sob as restrições de um gasto mínimo de corridas de engenharia, tempo e dinheiro.

O DOE é uma técnica estatística usada no controle de qualidade para planejar, conduzir, analisar e interpretar conjuntos de experimentos com o objetivo de tomar decisões acertadas sem incorrer em um custo muito alto ou levar muito tempo.

O projeto experimental pode ser usado no ponto de maior alavancagem para reduzir os custos de projeto, acelerando o processo de projeto, reduzindo as alterações tardias no projeto de engenharia e reduzindo a complexidade do material e da mão de obra do produto. Os experimentos projetados também são ferramentas poderosas para obter economia nos custos de fabricação, minimizando a variação do processo e reduzindo o retrabalho, a sucata e a necessidade de inspeção.

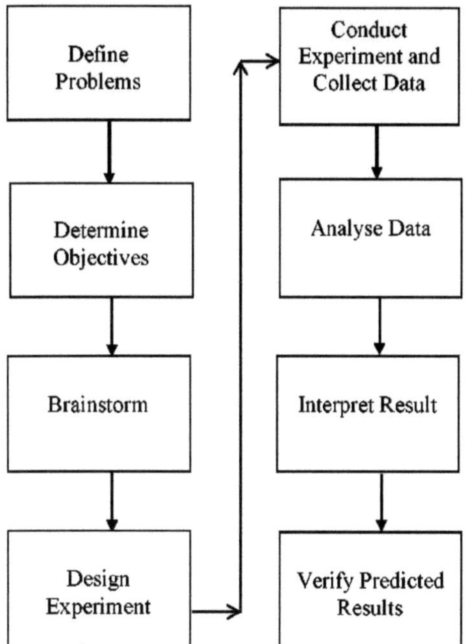

Fig. 2.1: Fluxograma do processo de projeto experimental

2.1.1 Metodologia de superfície de resposta

A metodologia de superfície de resposta (RSM) é uma reunião de técnicas estatísticas e modelos matemáticos que são convenientes para desenvolver, aprimorar e otimizar processos. Sua aplicação se estende ao projeto, ao desenvolvimento e à formulação de novos produtos. Ela também pode ser usada no aprimoramento de projetos de produtos existentes.

As aplicações mais abrangentes do RSM estão no mundo industrial, especialmente em situações em que diversas variáveis de entrada influenciam potencialmente alguma medida de desempenho ou característica de qualidade do produto ou processo. Essa medida de desempenho ou característica de qualidade é chamada de resposta. se. Normalmente, ela é medida em uma escala contínua, embora respostas de atributos, classificações e respostas sensoriais não sejam incomuns. A maioria das aplicações do RSM no mundo real envolverá mais de uma resposta. As variáveis de entrada são às vezes chamadas de variáveis independentes e estão sujeitas ao controle do engenheiro ou cientista, pelo menos para fins de um teste ou experimento **[25]**.

O primeiro objetivo do Response Surface Method é encontrar a resposta ideal. Quando há mais de uma resposta no site , é importante encontrar o compromisso ótimo que otimize apenas uma resposta **[26]**. Se houver restrições nos dados do projeto, os requisitos das restrições deverão ser atendidos pelo projeto experimental. O segundo objetivo é apreender a mudança na tendência da resposta em uma determinada direção, ajustando as variáveis do projeto. O gráfico é útil para ver a forma de uma superfície de resposta; colinas, vales e linhas de cumeada. Portanto, a função f (x_1, x_2) pode ser plotada em relação aos níveis de x_1 e x_2, conforme mostrado a seguir

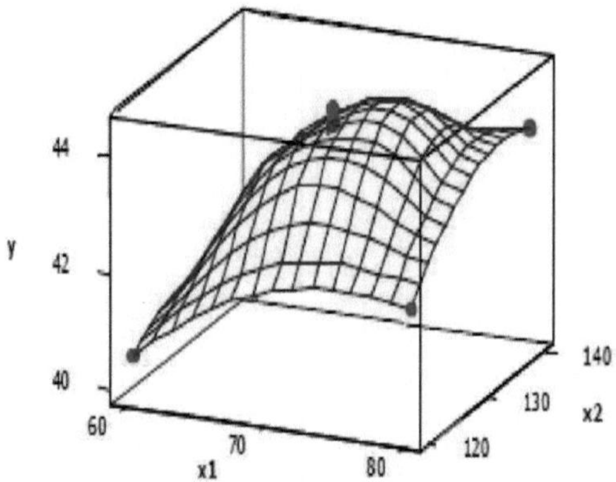

Fig. 2.2: Gráfico de superfície de resposta de y vs x_1, x_2 [26]

Em várias situações, é possível representar os parâmetros independentes do processo de forma quantitativa, e a resposta em termos de parâmetros do processo pode ser expressa como:

$$\boldsymbol{y = f(x_1, x_2) + e} \quad \text{..} \quad (6)$$

As variáveis x_1 e x_2 são variáveis independentes e a resposta *y* depende delas. A variável dependente *y* é uma função de x_1, x_2 e "e" é o termo de erro experimental. O termo de erro e representa qualquer erro de medição na resposta, bem como outros tipos de variações não contadas em *f*.

Se a resposta puder ser definida por uma função linear de variáveis independentes, então a função de aproximação é um modelo de primeira ordem. Um modelo de primeira ordem com 2 variáveis independentes pode ser expresso como

$$\boldsymbol{y = \beta_0 + \beta_1 x_1 + \beta_2 x_2 + e} \quad \text{..} \quad (7)$$

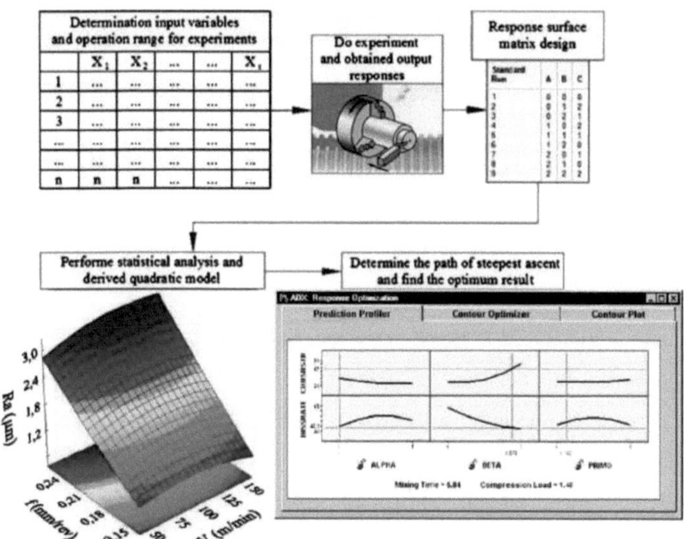

Fig. 2.3: Fluxograma da metodologia de superfície de resposta [27]

Se houver uma curvatura na superfície de resposta, deverá ser usado um polinômio de grau mais alto. A função de aproximação com duas variáveis é chamada de modelo de segunda ordem:

$$y = \beta_0 + \beta_1 x_1 + \beta_2 x_2 + \beta_{11} x_{11}^2 + \beta_{22} x_{22}^2 + \beta_{12} x_1 x_2 + \varepsilon \ldots\ldots\ldots\ldots\ldots\ldots\ldots (8)$$

Em geral, todos os problemas *de RSM* usam um desses modelos ou a combinação de ambos. Em cada modelo, os níveis de cada fator são independentes dos níveis de outros fatores. Para obter o resultado mais eficiente na aproximação de polinômios, o projeto experimental adequado deve ser usado para coletar dados. Após a coleta de dados, o método dos mínimos quadrados deve ser usado para estimar os parâmetros nos polinômios. Há dois métodos no RSM, que são:

a. Box Behnken Design (BBD)

b. Central Composite Design (CCD)

2.1.1.1 Design de caixas de madeira

Em 1960, George E. P. Box e Donald Behnken propuseram os projetos de três níveis para o ajuste de superfícies de resposta. Os BBDs são formados pela combinação de 2^k fatoriais com projetos de blocos incompletos. Esses novos designs são mais eficientes em termos de número de execuções e podem ser rotacionados ou quase rotacionados.

A Fig. 2.4 abaixo mostra o projeto Box behnken para três fatores e a Tabela 2.1 mostra a matriz de projeto para o projeto Box behnken com três fatores. O projeto Box Behnken é um projeto de metodologia de superfície de resposta (RSM). Os projetos Box Behnken não contêm pontos nos vértices da região experimental (por exemplo, g., onde todos os fatores estão em seus níveis mais altos). Eles são muito úteis na mesma configuração que os planejamentos compostos centrais

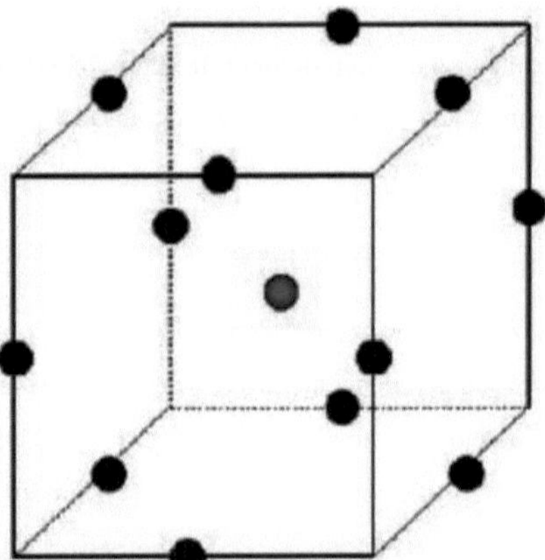

Fig. 2.4: BBD para três fatores [28]

Sua principal vantagem é abordar a questão de onde os limites experimentais devem estar e, em especial, evitar combinações de tratamento que sejam extremas. Por extremos, estamos pensando nos pontos de canto e nos pontos estrela, que são pontos extremos em termos da região em que estamos realizando o experimento. O design Box-Behnken evita todos os pontos de canto e os pontos estrela.

Tabela 2.1: BBD em termos de variável codificada

	Fatores			
Ordem de execução	**A**	**B**	**C**	**Valor da resposta**
1	-1	1	0	Y1
2	0	0	0	Y2

3	0	-1	-1	Y3
4	0	1	1	Y4
5	0	0	0	Y5
6	0	0	0	Y6
7	-1	-1	0	Y7
8	1	1	0	Y8
9	0	-1	1	Y9
10	-1	0	-1	Y10
11	0	1	-1	Y11
12	1	0	-1	Y12
13	-1	0	1	Y13
14	1	0	1	Y14
15	1	-1	0	Y15

2.2 Material da peça de trabalho

O material usado para os experimentos é o aço de grau EN 31, que é popularmente usado em aplicações do tipo automotivo, como eixos, rolamentos, fusos e matrizes de moldagem etc. Sua composição química e outras propriedades são apresentadas nas tabelas 1.1, 1.2 e 1.3. Uma barra sólida cilíndrica de EN 31 com dimensão de 19 mm de diâmetro e 28 mm de comprimento foi usada para o experimento.

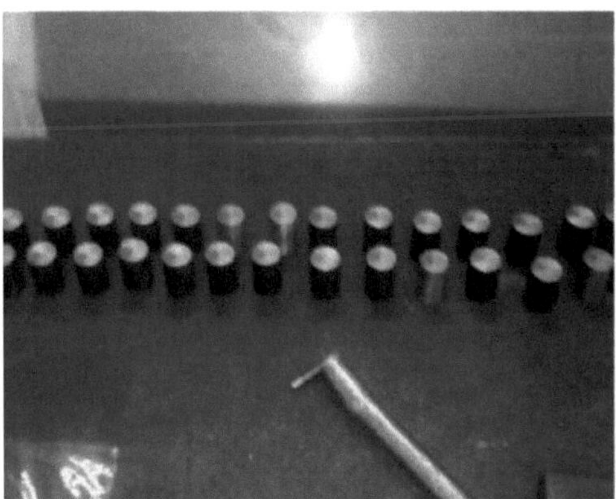

Fig. 2.5: Peça de trabalho usada para experimentos

2.3 Ferramenta de corte

Sabe-se que as ferramentas de metal duro revestidas têm um desempenho melhor do que as ferramentas de metal duro não revestidas. Seu sucesso como material de ferramenta se deve à sua combinação exclusiva de resistência ao desgaste e tenacidade, além de sua capacidade de ser moldado em formas complexas. O metal duro revestido combina o metal duro com um revestimento. Juntos, eles formam uma classe que é personalizada para sua aplicação.

Assim, o carbeto de tungstênio revestido Kyocera CNMG 12 04 08 disponível comercialmente é usado como pastilha e o PCLNL 2525 M12 é usado como suporte para a realização do experimento. Os números e as letras nas designações das ferramentas descrevem a forma, as dimensões e outros parâmetros importantes.

2.4 Fatores e níveis

Com base na pesquisa bibliográfica e de acordo com a ISO 3685, os parâmetros de torneamento e seus níveis são selecionados. Neste estudo, três parâmetros de usinagem são selecionados como fatores de controle, e cada parâmetro é projetado para ter três níveis, indicados como nível 1, 2 e 3, respectivamente.

Os experimentos são planejados usando o design Box behnken no design de experimentos (DOE), o que ajuda a reduzir o número de experimentos. As variáveis do processo com suas unidades e notações são mostradas na tabela abaixo.

Tabela 2.2: Parâmetros de entrada com níveis

Fatores/Níveis	Nível 1 (baixo)	Nível 2 (médio)	Nível 3 (alto)
Velocidade (m/min.)	180	200	220
Avanço (mm/rot)	0.05	0.10	0.15
Profundidade de corte (mm)	0.5	1.0	1.5

Com base nos parâmetros de entrada e em seus níveis, foi criada uma matriz de design. O software Minitab V16 foi usado para criar a matriz de planejamento. O Minitab é um software estatístico que pode executar uma grande variedade de tarefas, desde a construção de resumos gráficos e numéricos de um conjunto de dados até procedimentos e testes estatísticos mais complicados.

Tabela 2.3: Matriz de planejamento obtida do Minitab V16

Std. Pedido	Ordem de execução	Tipo de Pt.	Bloqueio	Velocidade de corte	Alimentação	Profundidade de corte
4	1	2	1	220	0.15	1
6	2	2	1	220	0.1	0.5
5	3	2	1	180	0.1	0.5
11	4	2	1	200	0.05	1.5
8	5	2	1	220	0.1	1.5
13	6	0	1	200	0.1	1
14	7	0	1	200	0.1	1

2	8	2	1	220	0.05	1
3	9	2	1	180	0.15	1
7	10	2	1	180	0.1	1.5
12	11	2	1	200	0.15	1.5
15	12	0	1	200	0.1	1
9	13	2	1	200	0.05	0.5
1	14	2	1	180	0.05	1
10	15	2	1	200	0.15	0.5

2.5 Cálculo da MRR

Um método muito simples de balança de peso foi usado para o cálculo da taxa de remoção de material para cada combinação de tratamento. Os pesos iniciais e finais das peças de trabalho são registrados usando uma máquina de pesagem digital. O tempo de usinagem também é registrado. As equações a seguir são usadas para calcular a Taxa de Remoção de Material (MRR):

$$\boldsymbol{MRR} = \frac{[(\boldsymbol{initial\ wt.of\ work\ piece}) - (\boldsymbol{final\ wt.of\ work\ piece})]}{\boldsymbol{density * machining\ time}} \ldots\ldots\ldots\ldots (10)$$

2.6 Profilômetro

A medição da rugosidade foi feita com um perfilômetro portátil do tipo stylus, Talysurf (Taylor Hobson, Surtronic 3+ , Reino Unido), mostrado nas Figuras 2.6 e 2.7. Esse instrumento é portátil e autônomo para a medição da textura da superfície.

O Surtronic 3+ combina tecnologia avançada com alta precisão e valor para proporcionar uma medição eficaz do acabamento da superfície na oficina, na sala de inspeção ou no laboratório. O instrumento Talysurf (Surtronic 3+) é um instrumento portátil e autônomo para a medição da textura da superfície. As avaliações dos parâmetros são baseadas em microprocessador. Os resultados da medição são exibidos na tela e podem ser enviados a uma impressora opcional ou a outro computador para avaliação posterior.

O instrumento é alimentado por uma bateria recarregável Al-Cad de 9V. Ele é equipado com uma caneta de diamante com um raio de ponta de 5 pm. O curso de medição sempre começa na posição extrema para fora. No final da medição, o coletor retorna à posição pronta para a próxima medição.

A seleção do comprimento de corte determina o comprimento transversal. Normalmente, como padrão, o comprimento transversal é quatro vezes o comprimento de corte, embora o fator de ampliação possa ser alterado. O perfilômetro foi ajustado para um comprimento de corte de 0,8 mm, velocidade transversal de 1 mm/s e comprimento transversal de 4 mm. As medições de rugosidade nas peças de trabalho foram repetidas três vezes e a média das três medições dos valores dos parâmetros de rugosidade da superfície foi registrada. A medição da rugosidade da superfície com a ajuda de um estilete foi mostrada na Fig. 2.7.

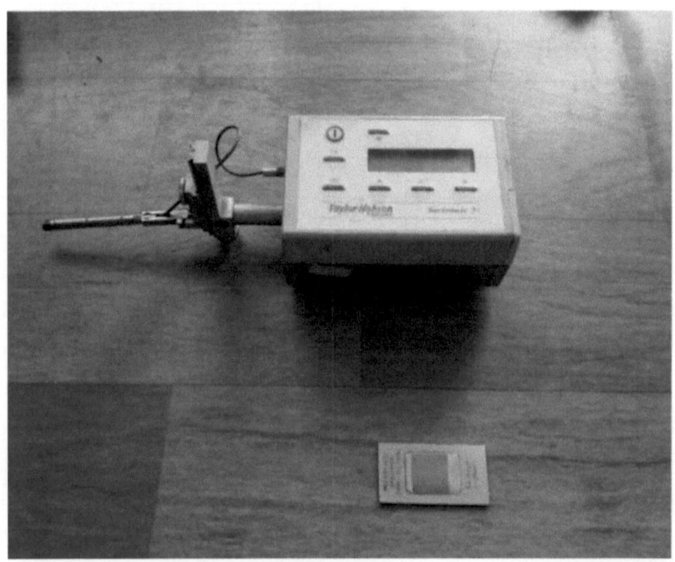

Fig. 2.6: Testador de superfície do tipo Stylus usado para medir a rugosidade da superfície

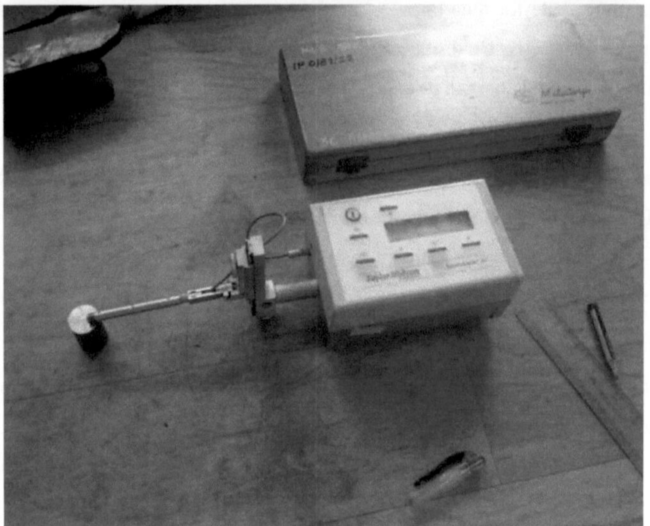

Fig. 2.7: Testador de superfície em ação

Tabela 2.4: Especificação do testador de superfície

Especificação do testador de rugosidade da superfície	
Fazer	Taylor Hobson Reino Unido

Unidade transversal	Velocidade 1 mm/s
Valores de corte	0,25 mm, 0,80 mm, 2,50 mm
Parâmetro	R_a, R_q, R_z, R_y
Unidade de medição	Métrico/polegada
Tela	Matriz LCD, 2 linhas * 16 caracteres
Bateria	NiCad 5V

2.7 Máquina usada

A operação de torneamento foi realizada com um torno CNC do tipo Midas 6 Industrial, cuja velocidade do fuso varia de 40 rpm a 4000 rpm, e com um motor de 7,5 KW. O inserto de carboneto foi usado como ferramenta de corte. O material usado foi uma liga de aço da série EN, ou seja, EN 31. Essas barras, com dimensões de 28 mm de comprimento e 19 mm de diâmetro, foram usinadas a seco e com o uso de líquido de arrefecimento.

Tabela 2.5: Especificações da máquina de torneamento CNC, Midas 6

Diâmetro de giro (máximo)	240 mm
Tamanho do mandril	165 mm
Capacidade de barras (máx.)	40 mm
Tamanho do fuso	A2-5
Velocidade do fuso	40-4000 RPM, opcional 60 - 60000 rpm
Potência do fuso (30 min/cont)	7,5Z5,5 kW
X-travel	140 mm
Z-travel	365 mm
Travessia rápida	padrão 20 m/min, opcional 32 m/min
Precisões (de acordo com a VDI 3441)	posicionamento ±0,010 mm;
Repetibilidade	0,005 mm

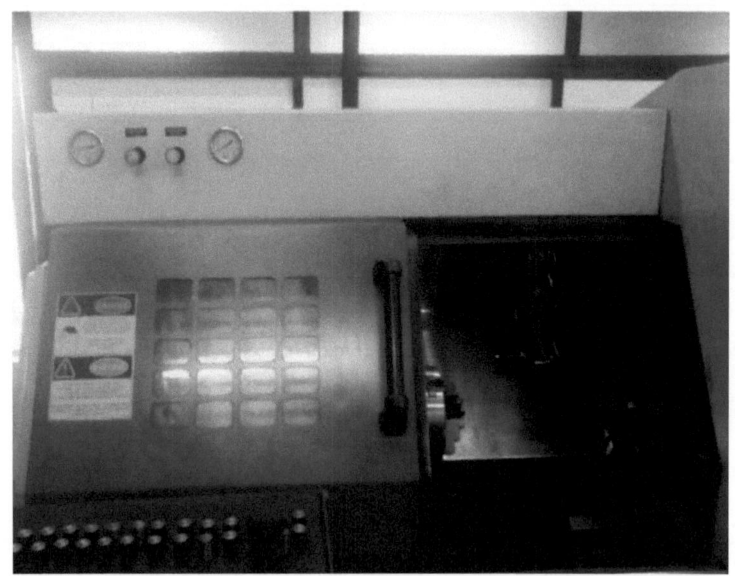

Fig. 2.8: Centro de torneamento CNC Midas 6

CAPÍTULO 3

EXPERIMENTOS

Uma série de testes de torneamento CNC foi realizada para avaliar a influência dos parâmetros de corte na taxa de remoção de material (MRR) e na rugosidade da superfície (SF) no torneamento do EN 31. Os resultados experimentais da taxa de remoção de material e da rugosidade da superfície para o torneamento do EN 31 com vários parâmetros de torneamento são mostrados na tabela abaixo.

O presente estudo de otimização de parâmetros de usinagem foi realizado com base na seguinte sequência experimental:

a) Preparar o centro de torneamento CNC para executar a operação de usinagem necessária.

b) Corte de barras de aço de liga EN 31 com serra elétrica e execução da operação inicial de torneamento no torno para obter a dimensão desejada das peças de trabalho.

c) Calcular o peso de cada peça de trabalho usando uma máquina de pesagem digital de alta precisão.

d) Realização da operação de torneamento no centro de torneamento CNC em diferentes condições de corte, envolvendo várias combinações de parâmetros de entrada, como velocidade de corte, profundidade de corte e taxa de avanço.

e) Cálculo do peso de cada barra usinada novamente pelo medidor de balança digital após o processo de usinagem.

f) Medição da rugosidade e do perfil da superfície do com a ajuda de um profilômetro portátil do tipo stylus, Talysurf (Taylor Hobson, Surftronic 3+, Reino Unido)

g) Cálculo do MRR.

Em primeiro lugar, a matriz do projeto foi construída usando o projeto Box Behnkhen. O projeto Box Behnkhen sugeriu uma matriz de projeto com 15 combinações de tratamento. Assim, foi realizado um total de 30 experimentos, ou seja, 15 experimentos para cada ambiente seco e refrigerante.

Para a análise dos dados, é muito necessária a verificação da adequação do modelo. A verificação da adequação do modelo inclui o teste de significância do modelo de regressão, o teste de significância dos coeficientes do modelo e o teste de falta de ajuste. Para esse fim, é realizada a análise de variância (ANOVA). O resumo do ajuste recomendou que o modelo quadrático é estatisticamente significativo para a análise da MRR.

3.1 Sequência de operação

T A sequência de operações que deve ser seguida para obter o resultado é mostrada abaixo.

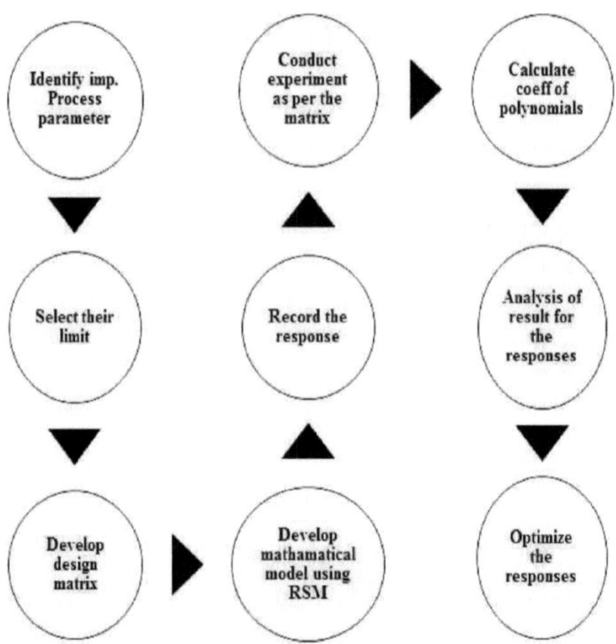

Fig. 3.1: Diagrama de fluxo representando o fluxo da operação do projeto em sequência

3.2 Medição de rugosidade

A rugosidade da superfície de cada peça de trabalho é medida três vezes em três seções diferentes de cada peça de trabalho a partir da face. Por meio da medição da rugosidade da superfície das trinta peças de trabalho, os dados médios são recebidos. Os resultados da rugosidade da superfície estão listados na tabela.

Tabela 3.1: Tabela de resposta de Ra no ambiente de resfriamento

Std. Pedido	Ordem de execução	Tipo de Pt.	Blocos	Velocidade de corte	Alimentação	Profundidade de corte	Avg. Ra
4	1	2	1	220	0.15	1	**0.81**
6	2	2	1	220	0.1	0.5	**0.667**
5	3	2	1	180	0.1	0.5	**0.789**
11	4	2	1	200	0.05	1.5	**0.74**
8	5	2	1	220	0.1	1.5	**0.7**
13	6	0	1	200	0.1	1	**0.77**
14	7	0	1	200	0.1	1	**0.756**
2	8	2	1	220	0.05	1	**0.63**
3	9	2	1	180	0.15	1	**1.02**

7	10	2	1	180	0.1	1.5	**1.033**
12	11	2	1	200	0.15	1.5	**0.91**
15	12	0	1	200	0.1	1	**0.767**
9	13	2	1	200	0.05	0.5	**0.51**
1	14	2	1	180	0.05	1	**0.86**
10	15	2	1	200	0.15	0.5	**0.76**

Tabela 3.2: Tabela de resposta de Ra em ambiente seco

Padrão Pedido	**Ordem de execução**	**Tipo de Pt.**	**Blocos**	**Velocidade de corte**	**Alimentação**	**Profundidade de corte**	**Avg. Ra**
4	1	2	1	220	0.15	1	**1.28**
6	2	2	1	220	0.1	0.5	**1.19**
5	3	2	1	180	0.1	0.5	**0.98**
11	4	2	1	200	0.05	1.5	**1.2**
8	5	2	1	220	0.1	1.5	**1.38**
13	6	0	1	200	0.1	1	**1.25**
14	7	0	1	200	0.1	1	**1.27**
2	8	2	1	220	0.05	1	**1.18**
3	9	2	1	180	0.15	1	**1.37**
7	10	2	1	180	0.1	1.5	**1.34**
12	11	2	1	200	0.15	1.5	**1.35**
15	12	0	1	200	0.1	1	**1.276**
9	13	2	1	200	0.05	0.5	**0.9**
1	14	2	1	180	0.05	1	**1.05**
10	15	2	1	200	0.15	0.5	**1.07**

3.3 Avaliação MRR

A taxa de remoção de material (MRR) foi calculada a partir da diferença de peso da peça de trabalho antes e depois do experimento. A observação do peso inicial e do peso final e sua taxa correspondente de remoção de material são mostrados nas tabelas 3.3 e 3.4.

$$\mathbf{MRR} = \frac{(\mathbf{Wi-Wf})}{\rho * t}\ \mathbf{mm^3/min} \quad \ldots\ldots\ldots\ldots\ldots\ldots\ldots\ldots\ldots\ldots\ldots\ldots (11)$$

Onde,

W_i é o peso inicial da peça de trabalho em gm.

W_f é o peso final da peça de trabalho em gm.

t é o tempo de usinagem em minutos

e ρ é a densidade da liga de aço EN 31 ( ).

[Exemplo]

Um exemplo de cálculo da taxa de remoção de material para a ordem de execução 1 é mostrado abaixo.

Para a combinação de tratamento 1, ou seja, velocidade de corte de 220, avanço de 0,15 e profundidade de corte de 1 mm.

Aqui,

Peso inicial= 71,600 gm.

Peso final= 65,715 gm.

Tempo de usinagem= 20 seg

Agora,

$$MRR = \frac{(Wi-Wf)}{\rho * t}$$

$$= (71.600 - 65.715)/20$$

$$= 0.27575 \text{ gm. /sec}$$

Tabela 3.3: Tabela de resposta de MRR em ambiente refrigerado

Padrão Pedido	Ordem de execução	Tipo de Pt.	Blocos	Velocidade de corte	Alimentação	Profundidade de corte	Peso inicial.	Peso final.	Tempo	MRR
4	1	2	1	220	0.15	1	71.6	66.085	20	**0.27575**
6	2	2	1	220	0.1	0.5	65.6	61.015	20	**0.22925**
5	3	2	1	180	0.1	0.5	68.111	64.865	20	**0.1623**
11	4	2	1	200	0.05	1.5	70.71	64.17	20	**0.327**
8	5	2	1	220	0.1	1.5	65.443	57.903	20	**0.377**
13	6	0	1	200	0.1	1	69.753	65.533	20	**0.211**
14	7	0	1	200	0.1	1	69.266	65.026	20	**0.212**
2	8	2	1	220	0.05	1	71.337	64.69	20	**0.3323**

								1		
3	9	2	1	180	0.15	1	69.599	65.185	20	**0.2207**
7	10	2	1	180	0.1	1.5	71.126	65.786	20	**0.267**
12	11	2	1	200	0.15	1.5	69.308	65.228	20	**0.204**
15	12	0	1	200	0.1	1	69.558	64.978	20	**0.229**
9	13	2	1	200	0.05	0.5	70.647	66.497	20	**0.2075**
1	14	2	1	180	0.05	1	70.74	66	20	**0.237**
10	15	2	1	200	0.15	0.5	70	65.934	20	**0.2033**

Da mesma forma, a usinagem do aço de liga EN 31 sem aplicação de líquido de arrefecimento também foi realizada e os valores correspondentes também foram anotados.

Tabela 3.4: Tabela de resposta da MRR em ambiente seco

Std. Pedido	**Ordem de execução**	**Tipo de Pt.**	**Blocos**	**Velocidade de corte**	**Alimentação**	**Profundidade de corte**	**Peso inicial.**	**Peso final.**	**Tempo**	**MRR**
4	1	2	1	220	0.15	1	71.6	65.715	20	**0.29425**
6	2	2	1	220	0.1	0.5	70.8	66.403	20	**0.21985**
5	3	2	1	180	0.1	0.5	69.846	66	20	**0.1923**
11	4	2	1	200	0.05	1.5	69.354	63.534	20	**0.291**
8	5	2	1	220	0.1	1.5	70.634	63.514	20	**0.356**
13	6	0	1	200	0.1	1	70.199	65.719	20	**0.224**
14	7	0	1	200	0.1	1	69.332	65.012	20	**0.216**
2	8	2	1	220	0.05	1	65.232	59.472	20	**0.288**
3	9	2	1	180	0.15	1	65.045	60.105	20	**0.247**
7	10	2	1	180	0.1	1.5	70.813	63.273	20	**0.377**
12	11	2	1	200	0.15	1.5	70	63.85	20	**0.3072**

								6		
15	12	0	1	200	0.1	1	69.995	65.335	20	**0.233**
9	13	2	1	200	0.05	0.5	70	66.124	20	**0.1938**
1	14	2	1	180	0.05	1	69.999	64.885	20	**0.2557**
10	15	2	1	200	0.15	0.5	70.36	66.634	20	**0.1863**

CAPÍTULO 4

INTERPRETAÇÃO DE DADOS

Para análise e interpretação do efeito significativo dos parâmetros sobre as variáveis de resposta, foi usado um programa de software estatístico chamado Minitab versão 16 e Microsoft Excel 2010. Para a análise dos dados, temos de verificar a adequação do modelo ajustado. A verificação da adequação do modelo inclui o teste de significância do modelo de regressão e dos coeficientes do modelo e o teste de falta de ajuste **[25]**. A análise de variância (ANOVA) é realizada para esse fim.

O efeito dos parâmetros de usinagem (velocidade de corte, avanço e profundidade de corte) sobre as variáveis de resposta MRR foi avaliado por meio da realização de experimentos, conforme descrito no capítulo 3. Como o software Minitab estuda os dados experimentais e, em seguida, fornece os resultados calculados dos valores observados, os resultados são alimentados no software Minitab para análise posterior. O modelo de segunda ordem é então proposto para encontrar a correlação entre o MRR/SF e as variáveis de processo levadas em consideração. Neste trabalho, o software forneceu os gráficos e as plotagens para a rugosidade da superfície e a taxa de remoção de material. O efeito principal e o efeito de interação de diferentes parâmetros do processo na taxa de remoção de material e na rugosidade são calculados e plotados à medida que os parâmetros do processo mudam de um nível para outro. A tabela de análise de variância (ANOVA) foi usada para verificar a suficiência do modelo de segunda ordem.

4.1 Interpretação do resultado com a condição do líquido de arrefecimento

Em primeiro lugar, a normalidade dos dados foi verificada pelo gráfico de probabilidade (veja o primeiro gráfico da Fig. 4.1 e 4.2). Como se observa que todos os pontos de dados estão distribuídos ao longo da linha normal e têm outliers insignificantes, pode-se concluir que os dados são normalmente distribuídos. O segundo gráfico da Fig. 4.1 e 4.2 não mostra nenhuma tendência ao traçar os valores residuais versus os valores ajustados dos dados, o que implica que o modelo de segunda ordem escolhido está bem ajustado ao conjunto de dados fornecido. O terceiro gráfico é um histograma de frequência que mostra a distribuição dos dados e, por fim, o gráfico de resíduo versus ordem destaca os pontos de dados aleatórios, o que significa que a ordem experimental não é significativa no que se refere à resposta.

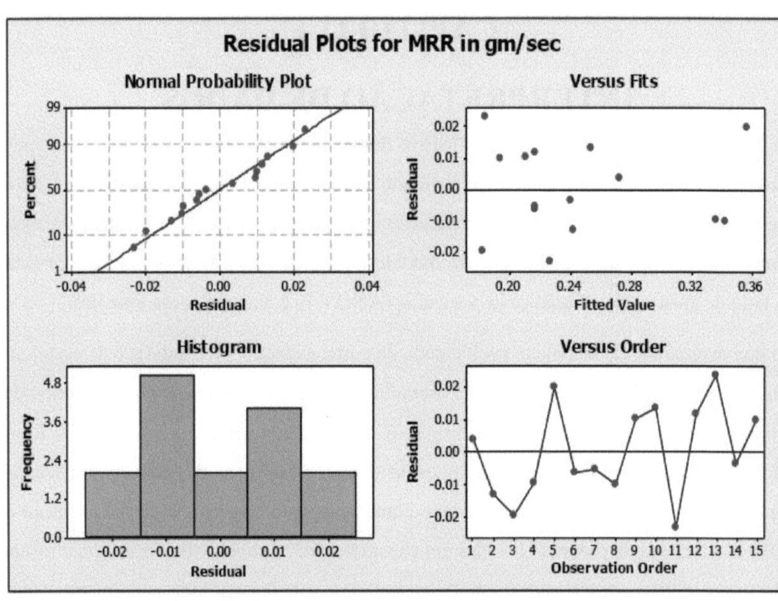

Fig. 4.1: Análise residual do MRR

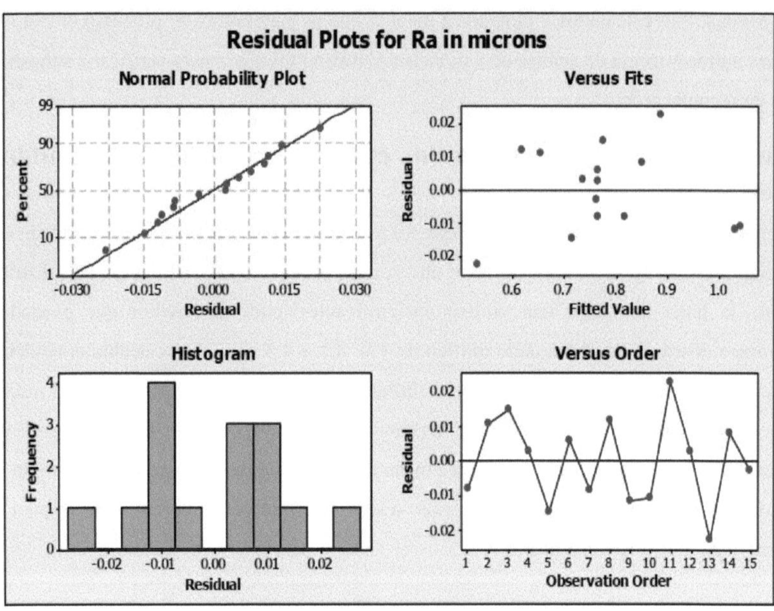

Fig. 4.2: Análise residual de Ra

4.1.1 Análise de regressão e ANOVA

A regressão é usada para investigar e modelar o relacionamento entre uma variável de resposta e um ou mais preditores. O Minitab oferece procedimentos de mínimos quadrados, mínimos quadrados parciais e regressão logística. Foi realizada uma análise de regressão múltipla nos dados testados. Os coeficientes da análise dos resultados de variância do modelo de regressão também apoiaram as relações lineares no modelo.

Tabela 4.1: Coeficientes de regressão estimados para MRR em gm./sec com refrigerante

Termos	Coeff.	SE Coeff.	T	P
Constante	3.35981	1.29263	2.599	0.048 *
Velocidade de corte	-0.0343	0.01254	-2.734	0.041 *
Alimentação	1.67371	2.6346	0.635	0.553
Profundidade de corte	-0.04555	0.26346	-0.173	0.87
Velocidade de corte*Velocidade de corte	0.00009	0.00003	2.92	0.033 *
Feed*Feed	5.13333	4.9687	1.033	0.349
Profundidade de corte*Profundidade de corte	0.02113	0.04969	0.425	0.688
Velocidade de corte*Alimentação	-0.01006	0.01193	-0.843	0.438
Velocidade de corte*Profundidade de corte	0.00108	0.00119	0.902	0.04 *
Alimentação*Profundidade de corte	-1.188	0.47738	-2.489	0.055 *

S = 0.0238688

R-Sq. = 94,10%

R-Sq. (adj.) = 83,47%

Aqui, na tabela 4.1, o termo Coeff é a abreviação de coeficientes, SE coeff é a soma dos coeficientes de erro, F é o valor do teste de Fisher e P representa o valor da probabilidade em um determinado intervalo de confiança. Novamente, a marca * na coluna "P" significa que os termos têm efeito significativo em um determinado intervalo de confiança.

Da mesma forma, na tabela 4.2, DF significa grau de liberdade, Seq. SS é a notação para soma sequencial de quadrados, adj. SS representa a soma ajustada de quadrados, adj. MS é a abreviação de quadrado médio ajustado.

Tabela 4.2: Análise de variância para MRR em gm./seg (com refrigerante)

Fonte	DF	Seq. SS	SS ajustável	Adj. MS	F	P
C velocidade de corte	1	0.013391	0.004259	0.004259	7.48	0.041 *
Alimentação	1	0.005003	0.00023	0.00023	0.4	0.553

Profundidade de corte	1	0.017359	0.000017	0.000017	0.03	0.87
Velocidade de corte*Velocidade de corte	1	0.004567	0.004858	0.004858	8.53	0.033 *
Feed*Feed	1	0.000574	0.000608	0.000608	1.07	0.349
Profundidade de corte*Profundidade de corte	1	0.000103	0.000103	0.000103	0.18	0.688
Velocidade de corte*Alimentação	1	0.000405	0.000405	0.000405	0.71	0.438
Velocidade de corte*Profundidade de corte	1	0.000463	0.000463	0.000463	0.81	0.04 *
Alimentação*Profundidade de corte	1	0.003528	0.003528	0.003528	6.19	0.055 *
Erro residual	5	0.002849	0.002849	0.00057		
Falta de ajuste	3	0.002644	0.002644	0.000881	8.61	
Puro erro	2	0.000205	0.000205	0.000102		
Total	14	0.048241				

Tabela 4.3: Coeficientes de regressão estimados para Ra em mícrons com refrigerante

Termos	Coeff.	SE Coeff.	T	P
Constante	7.00233	1.15211	6.078	0.002 *
Velocidade de corte	-0.06728	0.01118	-6.018	0.002 *
Alimentação	1.76333	2.34819	0.751	0.487
Profundidade de corte	1.56758	0.23482	6.676	0.001 *
Velocidade de corte*Velocidade de corte	0.00017	0.00003	6.003	0.002 *
Feed*Feed	-0.31667	4.42854	-0.072	0.946
Profundidade de corte*Profundidade de corte	-0.13417	0.04429	-3.03	0.029 *
Velocidade de corte*Alimentação	0.005	0.01064	0.47	0.658
Velocidade de corte*Profundidade de corte	-0.00527	0.00106	-4.959	0.004 *
Alimentação*Profundidade de corte	-0.8	0.42548	-1.88	0.119

S = 0.0212740

R-Sq. = 99,14%

R-Sq. (adj.) = 97,59%

Tabela 4.4: Análise de variância para Ra em mícrons (com líquido de arrefecimento)

Fonte	DF	Seq. SS	SS ajustável	Adj. MS	F	P
Velocidade de corte	1	0.100128	0.016391	0.016391	36.22	0.002
Alimentação	1	0.0722	0.000256	0.000256	0.56	0.487
Profundidade de corte	1	0.053956	0.02017	0.02017	44.57	0.001
Velocidade de corte*Velocidade de corte	1	0.017728	0.016308	0.016308	36.03	0.002
Feed*Feed	1	0.000012	0.000002	0.000002	0.01	0.946
Profundidade de corte*Profundidade de corte	1	0.004154	0.004154	0.004154	9.18	0.029
Velocidade de corte*Alimentação	1	0.0001	0.0001	0.0001	0.22	0.658
Velocidade de corte*Profundidade de corte	1	0.01113	0.01113	0.01113	24.59	0.004
Alimentação*Profundidade de corte	1	0.0016	0.0016	0.0016	3.54	0.119
Erro residual	5	0.002263	0.002263	0.000453		
falta de ajuste	3	0.002154	0.002154	0.000718	13.22	
Erro puro	2	0.000109	0.000109	0.000054		
Total	14	0.263272				

O objetivo da ANOVA é investigar quais dos parâmetros do processo afetam significativamente as características de desempenho. Essa análise fornece a contribuição relativa dos parâmetros de usinagem no controle da resposta dos critérios de desempenho de usinagem, ou seja, MRR e SF.

Os resultados experimentais do capítulo 3 foram analisados com a análise de variância (ANOVA). A ANOVA consiste em grau de liberdade (D.F.) e soma de quadrados (SS). A soma da sequência geralmente é a contribuição do modelo de regressão e do erro residual. O quadrado médio (MS) é a taxa da soma de quadrados para o grau de liberdade (DF).

O coeficiente de regressão das equações de segunda ordem é obtido usando os dados experimentais. As equações de regressão para as características de resposta em função dos parâmetros significativos do processo de entrada considerados neste experimento são dadas pela equação (12). Os termos de coeficiente insignificantes ou menos significativos (identificados na ANOVA) foram omitidos das equações.

O resultado da ANOVA com o MRR e o SF é mostrado na tabela acima. Essa análise foi realizada para um nível de significância de $\alpha = 0,1$, ou seja, para um nível de confiança de 90%. As fontes com um valor de P menor que 0,1 são consideradas como tendo uma contribuição estatisticamente significativa para as medidas de desempenho.

Na tabela ANOVA, os pequenos valores de P para os termos modelo, linear e quadrado indicam que sua contribuição é significativa para o modelo. Além disso, o efeito principal da velocidade de corte pode ser deduzido como tendo um efeito significativo, de acordo com a tabela. O termo quadrático velocidade de corte^2 também é estatisticamente significativo. Com exceção da interação velocidade de corte * avanço, todos os outros termos de interação contribuem significativamente para o modelo de resposta em um nível de confiança de 90% no caso do MRR. Assim, o modelo final que correlaciona a Taxa de Remoção de Material com os parâmetros de corte é o seguinte:

$$\boldsymbol{MRR = 3.35981 - 0.03430 * v + 0.00009 * v * v + 0.00108 * v * d - 1.188 * f * d} \quad \ldots\ldots (12)$$

Aqui, as variáveis de controle do processo são valores não codificados. Além disso, a partir da Tabela, fica evidente que o modelo é adequado em um nível de confiança de 90%. Entre os fatores considerados, o efeito principal da velocidade de corte é considerado o parâmetro mais significativo. A eficácia do modelo é verificada com o uso do valor R^2, que é encontrado como 0,9410. Como esse valor é muito próximo de 1, o modelo é considerado muito eficaz. A validade do modelo é reconsiderada com o coeficiente de correlação ajustado, ou seja, o valor R^2 (adj.) = 0,8347, que é uma medida da variabilidade da produção observada e pode ser explicada pelos fatores e suas interações. Além disso, para provar novamente que o modelo é considerado adequado, o valor p deve ser menor que 0,10 no intervalo de confiança de 90%. Além disso, as verificações também foram realizadas inicialmente pelo gráfico de probabilidade normal dos resíduos para os dados de taxa de remoção de material e rugosidade da superfície.

Na tabela 4.4 da ANOVA, novamente, os pequenos valores de P para os termos do modelo indicam que sua contribuição é significativa para o modelo. A tabela mostra que, além da taxa de avanço, o efeito principal da velocidade de corte e da profundidade de corte é significativo. No entanto, isso não deve ser interpretado como se a taxa de avanço não tivesse nenhum efeito sobre a rugosidade da superfície. Em vez disso, deve ser interpretado como se a taxa de avanço tivesse menos influência sobre a variável de resposta para nosso nível experimental e de confiança. O termo quadrático velocidade de corte^2 foi considerado estatisticamente significativo, enquanto apenas o termo de interação, velocidade de corte * profundidade de corte, contribuiu significativamente para a rugosidade da superfície em um nível de confiança de 90%. Assim, o modelo final que correlaciona o acabamento da superfície com os parâmetros de corte é o seguinte

$$\boldsymbol{SF = 7.00233 - 0.06728 * v + 1.56758 * d + 0.00017 * v * v - 0.13417 * d * d - 0.00527 * v * d} \quad \ldots\ldots (13)$$

Entre os fatores considerados, descobriu-se que a profundidade de corte tem a maior importância no acabamento da superfície, seguida pela velocidade de corte para o nível de confiança de 90%. Além disso, o valor R^2 de 99,14% indica que a variação na resposta pode ser prevista 99% corretamente com o uso do modelo acima desenvolvido para um intervalo de confiança de 90%.

Os modelos acima (equação 12 e equação 13) são usados para prever a taxa de remoção de material e a rugosidade da superfície nos pontos de projeto específicos. A diferença média entre as respostas observadas e previstas é inferior a 10% de erro.

4.1.2 Gráfico de efeito principal

Os gráficos de efeitos principais nesse experimento são usados para determinar as condições ideais de projeto para obter a MRR e a SF ideais. As Figuras 4.3 e 4.4 mostram o gráfico do efeito principal para a taxa de remoção de material e a rugosidade da superfície, respectivamente. Nos gráficos, o eixo x indica o valor de cada parâmetro do processo em três níveis e o eixo y representa o valor da resposta. A linha horizontal em cada gráfico indica o valor médio da resposta.

Aqui, o efeito do parâmetro individual na taxa de remoção de material foi mostrado graficamente (no ambiente de refrigeração).

O primeiro gráfico da fig.4.3 mostra que a taxa de remoção de material aumenta com o aumento da velocidade de corte. Isso se deve ao fato de que, à medida que a velocidade de corte aumenta, a temperatura aumenta na zona de corte, o que leva ao amolecimento do material, auxiliando na fácil remoção do material.

No segundo gráfico da Fig. 4.3, a MRR está diminuindo quase linearmente em relação ao avanço. Isso pode ser devido à formação da borda construída (BUE) em uma taxa de avanço mais alta.

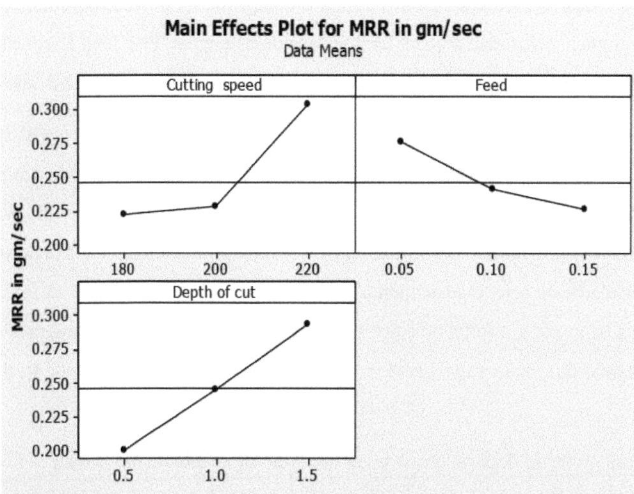

Fig. 4.3: Gráfico do efeito principal da velocidade, do avanço e da profundidade de corte no MRR (com refrigerante)

Da mesma forma, o terceiro gráfico da Fig. 4.3 revela que, ao aumentar a profundidade de corte, a MRR continua aumentando. No caso acima, o MRR tem o valor mais alto a 1,5 mm de profundidade de corte.

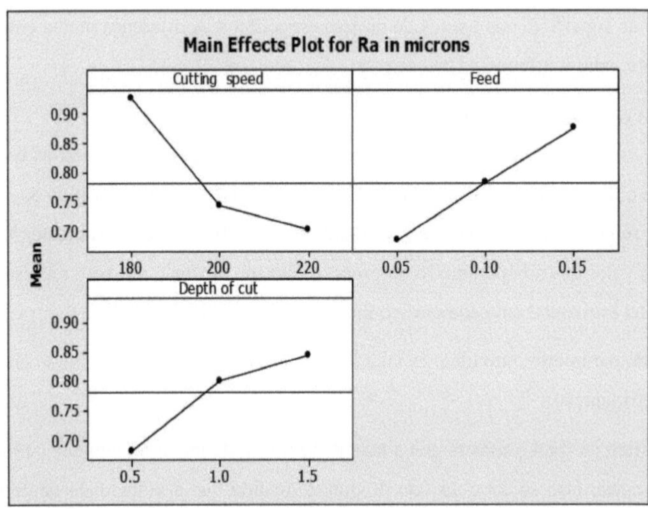

Fig. 4.4: Gráfico do efeito principal dos parâmetros de entrada em Ra (com refrigerante)

Novamente, na Fig. 4.4, o gráfico do efeito principal da velocidade de corte mostra que o aumento da velocidade de corte de 180 para 220 melhora o acabamento da superfície, ou seja, a rugosidade da superfície diminui com o aumento da velocidade de corte. Essa tendência positiva pode ser atribuída ao fato de que a maior velocidade de corte reduz o comprimento de contato entre a ferramenta e o cavaco, o que, por sua vez, reduz o atrito na interface de usinagem. Isso leva à redução da fratura da fibra e da tração da fibra para fora da superfície, resultando na redução da rugosidade da superfície.

Novamente, com o aumento da profundidade de corte, será obtido um acabamento de superfície ruim. Isso se deve ao fato de que, com o aumento da profundidade de corte, pode ocorrer vibração, causando degradação da superfície da peça de trabalho. Isso está de acordo com o trabalho de **L B Abhang [11].** Da mesma forma, o segundo gráfico da Fig. 4.4 revela que o aumento da taxa de avanço aumenta o valor da rugosidade, ou seja, o acabamento ruim da superfície. Isso se deve ao fato de que, com o aumento da taxa de avanço, a força de empuxo aumenta, levando à vibração e gerando mais calor e, portanto, resultando em maior rugosidade da superfície, conforme indicado por **R. Suresh em sua pesquisa [22].**

A partir da figura, pode-se deduzir que o nível desejado de combinações para a rugosidade ideal da superfície é a velocidade de corte de 220, o avanço de 0,05 e a profundidade de corte de 0,5.

4.1.3Gráfico de efeito de interação

A tabela ANOVA sugere que a MRR é influenciada não apenas pelos parâmetros individualmente, mas também pela interação entre eles. O efeito da interação na MRR é mostrado graficamente abaixo.

O primeiro gráfico da Fig. 4.5 mostra o efeito de interação da velocidade de corte e da taxa de avanço. O gráfico indica que, na velocidade de corte de 220 m/min e no avanço de 0,05 mm/rev, a MRR é a mais alta. Da mesma forma, o gráfico também mostra que, em um nível mais baixo de profundidade de corte, a velocidade de corte não tem efeito significativo sobre a MRR. Entretanto, com o aumento da profundidade de corte, a MRR continua aumentando.

O gráfico final da Fig. 4.5 indica que, em um nível baixo de alimentação e DOC, a MRR é baixa e menos sensível. Portanto, para obter uma MRR mais alta, deve-se selecionar um nível alto de alimentação e um nível alto de DOC.

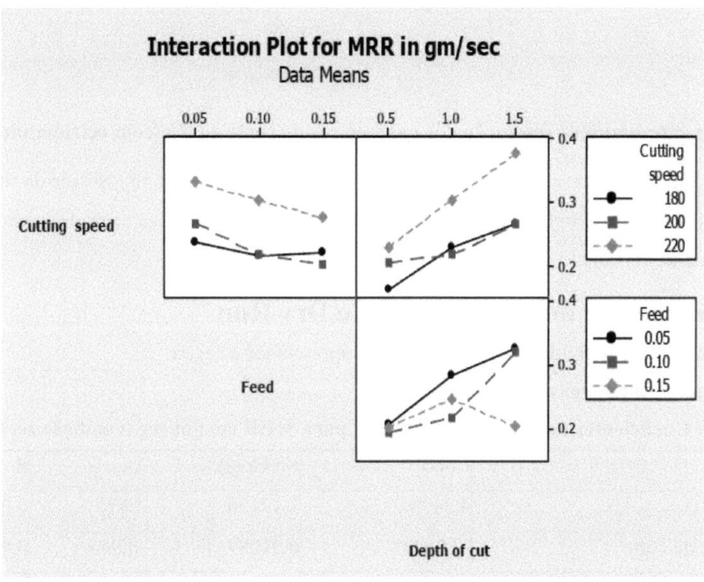

Fig. 4.5: Efeito de interação dos parâmetros de corte no MRR (com refrigerante)

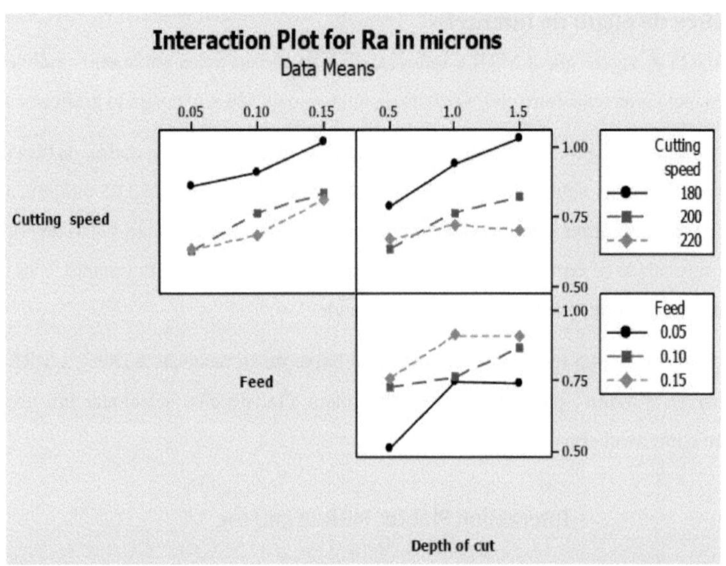

Fig. 4.6: Efeito de interação dos parâmetros de corte no Ra (com refrigerante)

A partir da Fig. 4.6, pode-se concluir que, para obter um valor melhor de rugosidade da superfície, o experimentador deve sempre selecionar alta velocidade de corte, baixa taxa de avanço e baixa profundidade de corte.

4.2 Interpretação do resultado com o Dry Run

A discussão dos dados obtidos na execução seca é apresentada a seguir.

4.2.1 Análise de regressão

Tabela 4.5: Coeficientes de regressão estimados para MRR em gm/seg (condição seca)

Termos	Coeff.	SE Coeff.	T	P
Constante	4.34791	1.12196	3.875	0.012 *
Velocidade de corte	-0.04293	0.01089	-3.943	0.011 *
Alimentação	-1.17654	2.28763	-0.515	0.629
Profundidade de corte	0.21262	0.22867	0.93	0.395
Velocidade de corte*Velocidade de corte	0.00011	0.00003	4.11	0.009 *
Feed*Feed	1.03833	4.31264	0.241	0.819
Profundidade de corte*Profundidade de corte	0.07058	0.04313	1.637	0.016 *
Velocidade de corte*Alimentação	0.00374	0.01036	0.361	0.733
Velocidade de corte*Profundidade	-0.00121	0.00104	-1.172	0.294

de corte				
Alimentação*Profundidade de corte	0.237	0.41435	0.571	0.592

S = 0.0207173 R-Sq. = 95.55% R-Sq. (adj.) = 87.53%

Tabela 4.6: Coeficientes de regressão estimados para Ra em mícrons (condição seca)

Termos	Coeff.	SE Coeff.	T	P
Constante	0.2823	2.06157	0.137	0.896
Velocidade de corte	-0.012	0.02	-0.601	0.574
Alimentação	18.5633	4.20182	4.418	0.007 *
Profundidade de corte	1.6838	0.42018	4.007	0.010 *
Velocidade de corte*Velocidade de corte	0.0001	0.00005	1.19	0.287
Feed*Feed	-27.5667	7.92438	-3.479	0.018 *
Profundidade de corte*Profundidade de corte	-0 .2657	0.07924	-3.353	0.020 *
Velocidade de corte*Alimentação	-0.055	0.01903	-2.89	0.034 *
Velocidade de corte*Profundidade de corte	-0.0043	0.0019	-2.233	0.076 *
Alimentação*Profundidade de corte	-0.2	0.76135	-0.263	0.803

S = 0.0380675 R-Sq. = 97,59% R-Sq. (adj.) = 93,25%

Essa análise é realizada para um nível de significância de 10%, ou seja, para um nível de confiança de 90%. R^2 é chamado de coeficiente de determinação e significa a quantidade de redução na variabilidade de MRR e SF obtida com o uso das variáveis regressoras (velocidade, avanço e profundidade de corte). No modelo de regressão, o valor de R^2 de 0,9555 e 0,9759 para MRR e SF, respectivamente, indica que 95,55% das variações totais no caso de MRR e 97,59% da variação total no caso de SF são explicadas pelo modelo. Em ambos os casos, o valor de R^2 é alto, o que é desejável. Como os resíduos são plotados aproximadamente ao longo de uma linha reta, a suposição de normalidade é satisfeita.

Uma verificação do gráfico de probabilidade normal vs. resíduos de linear (Fig. 4.7 e 4.8) mostra que os resíduos estão razoavelmente próximos de uma linha reta, o que implica que os erros são distribuídos normalmente e dá suporte para que os termos mencionados no modelo sejam significativos. O gráfico de resíduos vs. valores ajustados é mostrado nas Figuras 4.7 e 4.8. Nenhuma estrutura incomum é aparente. Como o resíduo padronizado está dentro do intervalo, o modelo proposto é significativo. O gráfico de resíduos vs. ordem dos dados mostra o resíduo para a ordem de execução do experimento. Isso implica que os resíduos são aleatórios por natureza e não apresentam nenhum padrão com a ordem de execução. Além disso, a figura do resíduo vs. ordem dos dados revelou que não há nenhum padrão perceptível ou estrutura incomum presente nos dados. Isso implica que o modelo de regressão proposto é adequado e não há razão para suspeitar de qualquer violação da suposição de independência ou variação constante.

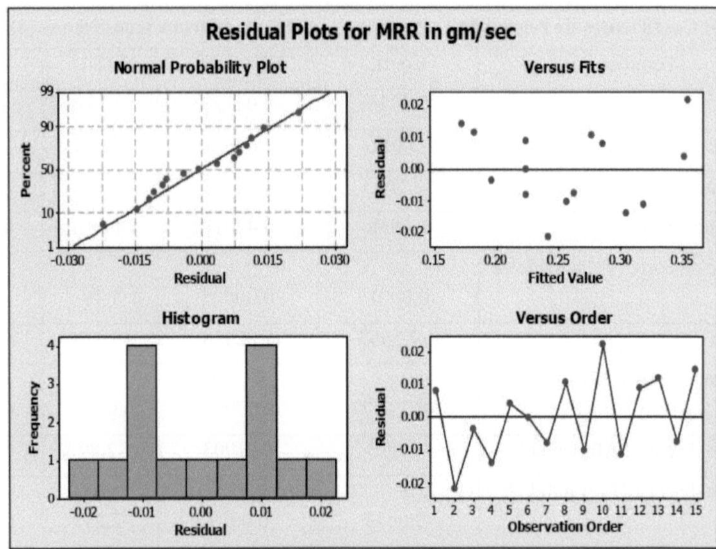

Fig. 4.7: Análise residual do MRR

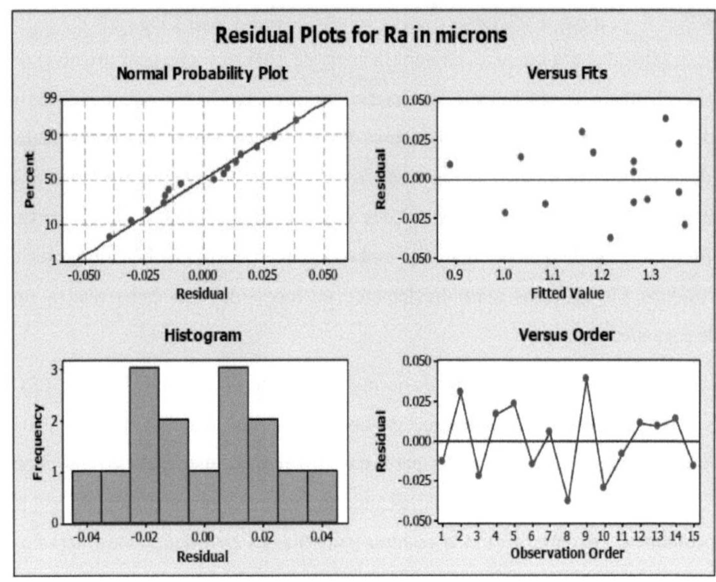

Fig. 4.8: Análise residual de Ra

4.2.2Análise de variância (ANOVA)

Tabela 4.7: Análise de variância para MRR em gm./sec (condição seca)

Fonte	DF	Seq. SS	SS ajustável	Adj. MS	F	P
Velocidade de corte	1	0.000927	0.006674	0.006674	15.55	0.011
Alimentação	1	0.000005	0.000114	0.000114	0.26	0.629
Profundidade de corte	1	0.036308	0.000371	0.000371	0.86	0.395
Velocidade de corte*Velocidade de corte	1	0.006859	0.007249	0.007249	16.89	0.009
Feed*Feed	1	0.000006	0.000025	0.000025	0.06	0.819
Profundidade de corte*Profundidade de corte	1	0.00115	0.00115	0.00115	2.68	0.016
Velocidade de corte*Alimentação	1	0.000056	0.000056	0.000056	0.13	0. 733
Velocidade de corte*Profundidade de corte	1	0.000589	0.000589	0.000589	1.37	0.294
Alimentação*Profundidade de corte	1	0.00014	0.00014	0.00014	0.33	0.592
Erro residual	5	0.002146	0.002146	0.000429		
Falta de ajuste	3	0.002001	0.002001	0.000667	9.22	
Erro puro	2	0.000145	0.000145	0.000072		
Total	14	0.048186				

Tabela 4.8: Análise de variância para Ra em mícrons (condição seca)

Fonte	DF	Seq. SS	SS ajustável	Adj. MS	F	P
Velocidade de corte	1	0.010512	0.00052	0.00052	0.36	0.574
Alimentação	1	0.06845	0.02828	0.02828	19.52	0.007
Profundidade de corte	1	0.159613	0.02327	0.02327	16.06	0.010
Velocidade de corte*Velocidade de corte	1	0.004127	0.00205	0.00205	1.42	0.287
Feed*Feed	1	0.015122	0.01753	0.01753	12.1	0.018
Profundidade de corte*Profundidade de corte	1	0.016287	0.01628	0.01628	11.24	0.020
Velocidade de corte*Alimentação	1	0.0121	0.0121	0.0121	8.35	0.034
Velocidade de corte*Profundidade de corte	1	0.007225	0.00722	0.00722	4.99	0.076
Alimentação*Profundidade de corte	1	0.0001	0.0001	0.0001	0.07	0.803

Erro residual	5	0.007246	0.00724	0.00144		
Falta de ajuste	3	0.006875	0.00687	0.00229	12.37	
Erro puro	2	0.000371	0.00037	0.00018		
Total	14	0.300783				

O resultado da ANOVA com o MRR e o SF para o funcionamento a seco é mostrado na tabela acima. Assim como a condição do refrigerante, essa análise também foi realizada para o nível de significância de $\alpha = 0,1$, ou seja, para um nível de confiança de 90%. As fontes com um valor de P menor que 0,1 são consideradas como tendo uma contribuição estatisticamente significativa para as medidas de desempenho.

Na tabela acima, fica evidente que a velocidade de corte é o fator significativo para o MRR, enquanto o avanço e a profundidade de corte têm muito a dizer sobre o SF. Além disso, os efeitos quadráticos da velocidade de corte^2 e do DOC^2 são significativos e todos os efeitos de interação são estatisticamente menos significativos, de acordo com a tabela 4.7 do MRR em um nível de confiança de 90%. Da mesma forma, os termos quadráticos feed^2 e DOC^2, bem como os termos de interação velocidade de corte * feed e velocidade de corte * profundidade de corte também são estatisticamente significativos no caso do SF, conforme a tabela 4.8. Assim, os modelos finais que correlacionam a Taxa de Remoção de Material e a SF com os parâmetros de corte são os seguintes

$$\boldsymbol{MRR = 4.34791 - 0.04293 * v + 0.00011 * v * v + 0.07058 * d * d} \ldots (14)$$

$$\boldsymbol{SF = 0.2823 + 18.5633 * f + 1.6838 * d - 27.56678 * f * f - 0.2657 * d * d - 0.0550 * v * f - 0.0043 * v * d} \ldots\ldots\ldots\ldots (15)$$

4.2.3Gráfico de efeito principal

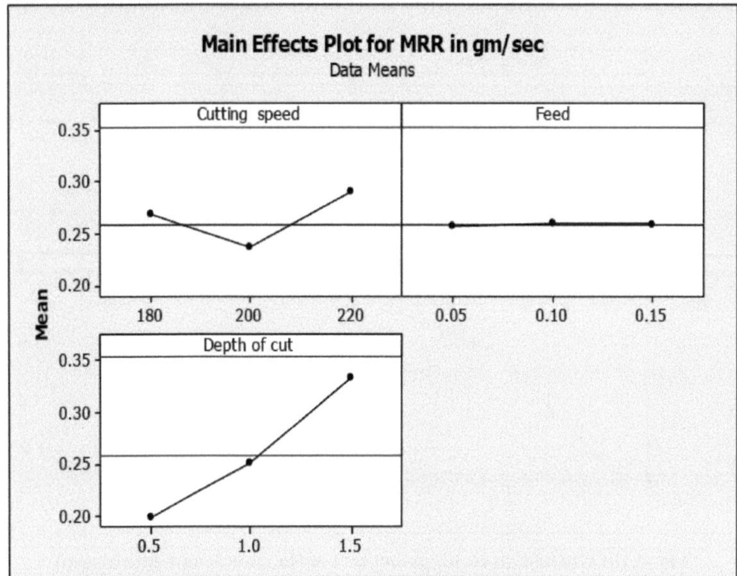

Fig. 4.9: Gráfico do efeito principal no MRR (funcionamento a seco)

O gráfico de efeito principal do MRR mostra que o MRR diminui inicialmente quando a velocidade de corte é aumentada de 180 para 200 e, em seguida, começa a aumentar com o aumento da velocidade de corte. O terceiro gráfico de MRR vs. DOC mostra que a MRR aumenta com o aumento da profundidade de corte, mas o efeito da taxa de avanço é quase nulo. Isso pode ser devido à formação de aresta postiça (BUE) entre a ferramenta de corte e a face de inclinação, já que a BUE estará cortando a peça de trabalho em vez da ferramenta de corte, tornando o nível de avanço irrelevante.

A partir da Fig. 4.9, pode-se deduzir que a combinação de **220, 0,05 e 1,5 de velocidade, avanço e DOC**, respectivamente, são os níveis desejados.

Assim como na condição de refrigerante, o efeito da velocidade, da alimentação e do DOC em Ra para o funcionamento a seco é mostrado na Fig. 4.10. No entanto, a tendência dos gráficos Ra vs. velocidade e Ra vs. alimentação é discernida como a da condição do refrigerante.

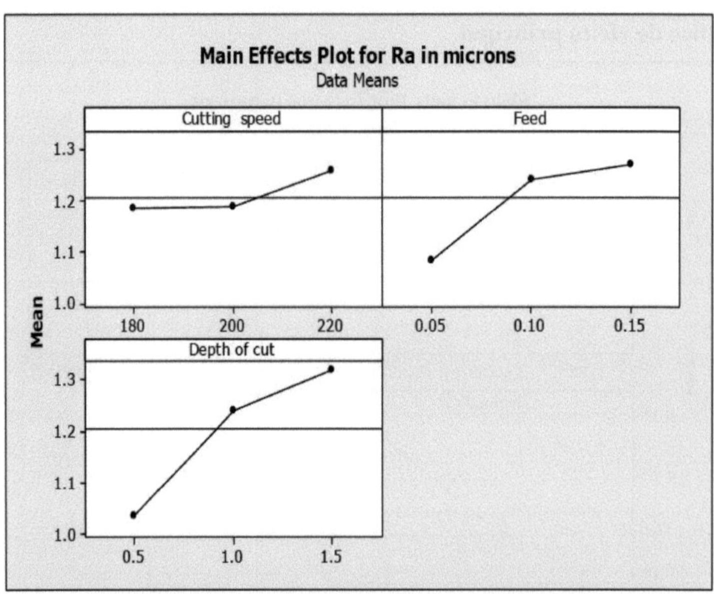

Fig. 4.10: Gráfico do efeito principal em Ra (funcionamento a seco)

Verificou-se que a rugosidade da superfície aumenta com o aumento da taxa de avanço. A taxa de avanço mais alta fez com que a ferramenta de corte atravessasse a peça de trabalho muito rapidamente, resultando na deterioração da qualidade da superfície. O aumento do avanço também aumenta a vibração e produz uma usinagem incompleta da peça de trabalho, o que leva a uma maior rugosidade da superfície. Os resultados comprovam que a rugosidade da superfície usinada é altamente influenciada pelo avanço, o que está de acordo com o estudo de **A. K. Sahoo [23].**

A partir da figura, pode-se concluir que o nível desejado de combinações para a rugosidade ideal da superfície é a **velocidade de corte de 180, o avanço de 0,05 e a profundidade de corte de 0,5.**

4.2.4Gráfico de efeito de interação

Na Fig. 4.11, verifica-se que a remoção de material é mais alta para a velocidade de corte de 220, avanço de 0,10 e profundidade de corte de 1,5.

Da mesma forma, a Fig. 4.12 revela que a rugosidade mínima da superfície pode ser obtida com velocidade média, baixo avanço e baixa profundidade de corte.

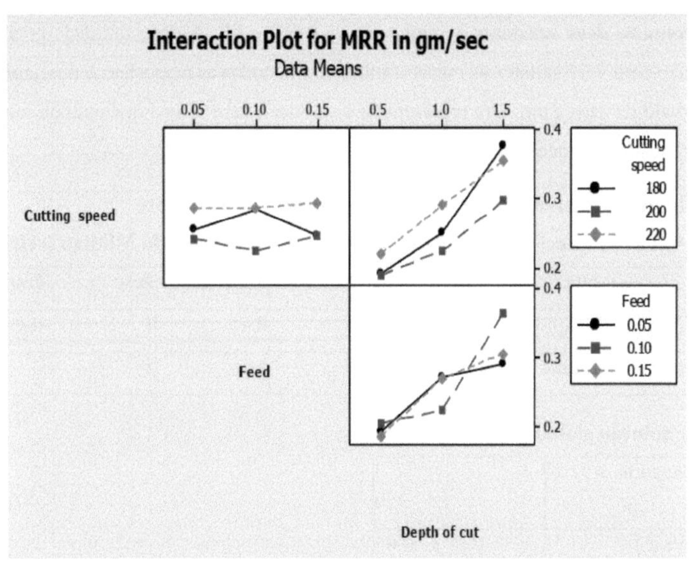

Fig. 4.11: Efeito de interação dos parâmetros na MRR (funcionamento a seco)

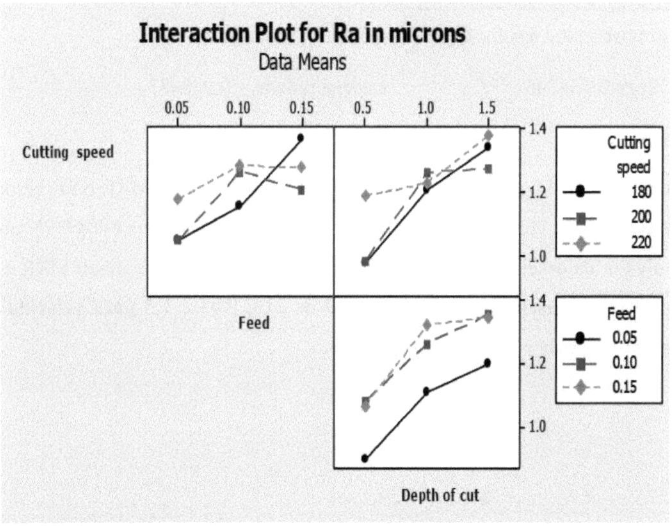

Fig. 4.12: Efeito de interação dos parâmetros em Ra (funcionamento a seco)

4.3 Otimização de respostas

A função otimizadora de resposta do Minitab é usada para identificar a combinação de configurações de variáveis de entrada que otimizam conjuntamente o MRR e o SF. O otimizador de resposta fornece uma solução ótima para as combinações de variáveis de entrada e um gráfico de otimização. A otimização conjunta deve satisfazer os requisitos de MRR e SF. A desejabilidade geral (D) é uma medida de quão bem você satisfez as metas combinadas de todas as respostas. A desejabilidade geral tem um intervalo de zero a um. Um representa o caso ideal; zero indica que uma ou mais respostas estão fora de seus limites aceitáveis.

4.3.1 Gráfico de otimização para a condição do refrigerante

Tabela 4.9: Valores fornecidos à função de otimização de resposta do Minitab (refrigerante)

Resposta	Meta	Inferior	alvo	Superior	Peso	Importância
MRR em gm./seg	Máximo	0.2	0.45	0.45	1	1
Ra em mícrons	Mínimo	0.55	0.55	1	1	1

Tabela 4.10: Solução global (refrigerante)

Velocidade de corte (m/min)	220
Avanço (mm/rot.)	0.05
Profundidade de corte (mm)	1.5

As respostas previstas para a solução global são apresentadas a seguir:

MRR em gm./seg= 0,434746 Desejabilidade = 0,938983

Ra em mícrons = 0,633958 Desejabilidade = 0,813426

A conveniência individual das respostas é de 0,93898 e 0,81343 para MRR e SF, respectivamente. Portanto, a desejabilidade combinada ou composta dessas duas variáveis é 0,87395, que é próxima de 1. Assim, o valor da desejabilidade sugere que nossa meta de obter o maior MRR e o menor SF será 87% satisfatória se usarmos a solução global de **220, 0,05 e 1,5 para velocidade de corte, avanço e profundidade de corte**, respectivamente.

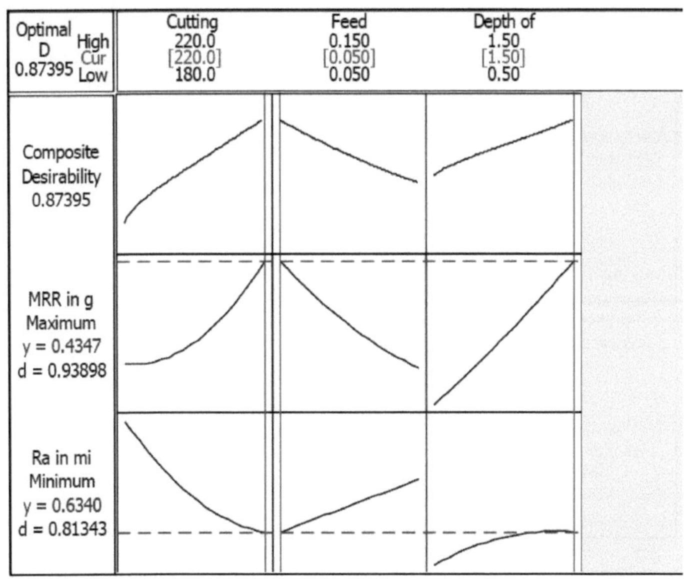

Fig. 4.13: Gráfico de otimização para a condição de refrigerante (refrigerante)

4.3.2 Gráfico de otimização para execução a seco

Tabela 4.11: Valores fornecidos à função de otimização de resposta do Minitab (execução seca)

Resposta	Meta	Inferior	Alvo	Superior	Peso	Importância
MRR em gm./seg	Máximo	0.18	0.45	0.45	1	1
Ra em mícrons	Mínimo	0.9	0.9	1.4	1	1

Tabela 4.12: Solução global

Velocidade de corte (m/min)	180
Avanço (mm/rot)	0.05
Profundidade de corte (mm)	1.5

As respostas previstas com sua respectiva conveniência são apresentadas a seguir:

MRR em gm/seg= 0,35466 Desejabilidade = 0,646883

Ra em mícrons = 1,15858 Desejabilidade = 0,482833

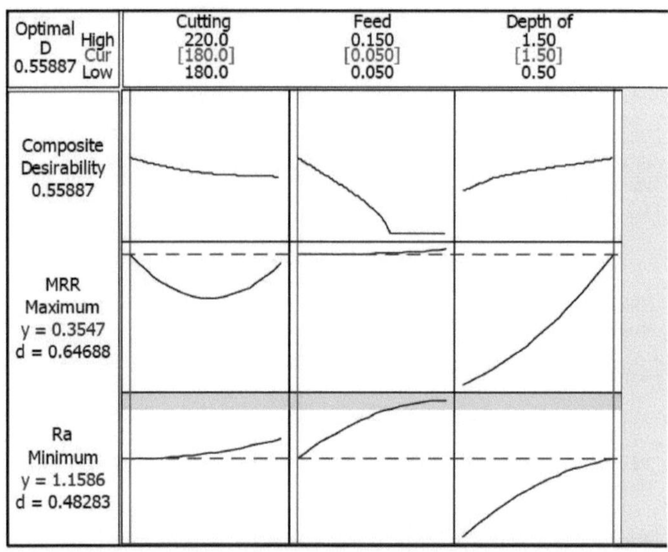

Fig. 4.14: Gráfico de otimização para funcionamento a seco

A conveniência individual das respostas é de 0,646883 e 0,482833 para MRR e SF, respectivamente. A desejabilidade composta dessas duas respostas é 0,55887, que não está nem perto de 1. Portanto, o valor da desejabilidade sugere que nossa meta de obter o maior MRR e o menor SF é fortemente interrompida com a condição de funcionamento a seco. Mesmo a desejabilidade individual não está na faixa aceitável. A solução global obtida é **180, 0,05 e 1,5 para velocidade de corte, avanço e profundidade de corte**, respectivamente. O valor otimizado obtido com o funcionamento a seco é de 0,3547 gm/s e 1,1586 mícrons para MRR e SF, respectivamente.

CONCLUSÃO

O estudo supracitado se concentra na otimização dos parâmetros de remoção de material e rugosidade da superfície em busca de uma combinação de tratamento capaz de produzir alta taxa de remoção de material e baixa rugosidade da superfície, individual e coletivamente. O estudo propõe um modelo empírico para MRR e SF que tem o potencial de prever os valores das variáveis de resposta abaixo de 10% de erro com o uso de parâmetros de corte em diferentes níveis.

Os experimentos foram planejados de acordo com o projeto box behnken e a metodologia de superfície de resposta foi empregada para o estudo da usinabilidade. A análise de variância foi realizada para verificar a adequação dos modelos de usinabilidade propostos. Com base nos resultados experimentais e na análise paramétrica subsequente, as seguintes conclusões foram tiradas dentro das faixas dos parâmetros de processo selecionados:

- Observa-se que os valores previstos e observados estão próximos um do outro. Portanto, o modelo empírico desenvolvido pode ser usado para prever a rugosidade da superfície Ra do aço EN 31 em diferentes parâmetros durante o torneamento.

- Com as equações do modelo obtidas, um projetista pode selecionar a melhor combinação de variáveis de projeto para obter o MRR e o SF ideais durante o torneamento. Isso acaba reduzindo o tempo de usinagem, os esforços de operação, o custo e economizando as ferramentas de corte.

- Com base na brevidade da interpretação dos dados experimentais, pode-se deduzir que a taxa de remoção de material é praticamente a mesma para a usinagem a úmido e a seco, desde que a operação de usinagem seja realizada para a mesma condição de tratamento em ambos os casos. No entanto, observa-se que a rugosidade média da superfície é maior no caso da usinagem a seco do que no ambiente com refrigerante. Portanto, se o requisito for um melhor acabamento de superfície, o pessoal de usinagem deverá sempre usar o líquido de arrefecimento durante o processo de usinagem.

- Novamente com a aplicação da Metodologia de Superfície de Resposta, ou seja, Box Behnken Design para a interpretação dos dados, são obtidas as condições de tratamento otimizadas para MRR e SF tanto no ciclo úmido quanto no seco. A partir do otimizador de resposta, observa-se que é possível obter maior MRR e melhor acabamento de superfície com a condição de funcionamento com refrigerante do que com a condição de funcionamento a seco. Portanto, o gráfico de otimização sugere que o funcionamento com refrigerante é melhor. Observa-se que podemos obter o MRR de **0,4347gm./sec** e o valor SF de **0,6340 mícrons** com a desejabilidade composta de **0,87395** se definirmos os parâmetros de corte **em 220, 0,05 e 1,5** para a **velocidade de corte, o avanço e a profundidade de corte**, respectivamente, durante o ambiente de refrigeração.

ESCOPO PARA TRABALHOS FUTUROS

Abaixo estão as poucas áreas em que este trabalho pode ser ampliado no futuro.

O trabalho mencionado acima foi realizado com um líquido de arrefecimento normal que está prontamente disponível em todas as oficinas mecânicas. No futuro, o estudo pode ser ampliado com o uso de nanofluidos. A adição de nanopartículas no fluido aumentará a condutividade térmica do líquido de arrefecimento, melhorando assim a condição de usinagem.

Da mesma forma, a ferramenta de corte usada neste trabalho é uma pastilha de metal duro. Portanto, no futuro, as ferramentas de corte CBN, conhecidas por sua dureza e capacidade de cortar metais com facilidade, poderão ser usadas para realizar os experimentos.

REFERÊNCIAS

[1]Machinery's Handbook : A Reference Book for the Mechanical Engineer, Designer, Manufacturing E ngineer, Draftsman, Toolmaker, and Machinist, Erik Oberg, Franklin Day Jones, Holbrook Lynedon Horton, Henry H. Ryffel 2004.

[2]P. C. Pandey e H. S. Shan, Modern Ma chining Processes, Tata - McGraw Hill Publishing Company Limited, Nova Delhi, 7th Reprint 1993.

[3]Tecnologia de Produção, HMT Publications, 22nd Reimpressão 2004.

[4]RSM: uma chave para otimizar a usinagem: Multi-Response Optimization of CNC Turning With Al-7020 Alloy, Bikram Jit Singh.

[5]Fundamentos da manufatura moderna: Materiais, processos e sistemas, Mikel p Groover 2007.

[6]K. Adarsh kumar, Ch. Ratnam, BSN Murthy, B. Satish Ben, K. Raghu Ram Mohan Reddy, "Optimization of Surface Roughness in Face Turning Operation in Machining of EN-8", *International Journal Of Engineering Science & Advanced Technology,* Volume-2, Issue-4, page 807 - 812.

[7]C R Barik, N K Mandal, "Parametric Effect and Optimization of Surface Roughness of EN31 on CNC Dry Turning", *International Journal of Lean Thinking,* Volume 3, Edição 2, dezembro de 2012.

[8]Kirby E. D., Zhang Z. e Chen J. C., (2004), "Development of An Accelerometer Based Surface Roughness Prediction System in Turning Operation Using Multiple Regression Techniques", *Journal of Industrial Technology,* Volume 20, Número 4, pp. 1-8.

[9]Whitehouse, David (2012), A Text Book of Surfaces and Their Measurement [Um livro-texto sobre superfícies e suas medições]. Boston: Butterworth-Heinemann. ISBN 978-0080972015.

[10] Mihir T. Patel, Vivek A. Deshpande, "Optimization of Machining Parameters for Turning Different Alloy Steel Using CNC Review", *International Journal of Innovative Research in Science, Engineering and Technology* Vol. 3, Issue 2, February 2014.

[11] L B Abhang e M Hameedullah, "Modelling and Analysis for Surface roughness in Machining EN-31 Steel Using Response Surface Methodology", *International Journal of Applied Research in Mechanical Engineering,* Volume-1, Issue-1, 2011

[12] Feng C. X. e Wang X., (2002), "Development of Empirical Models for Surface Roughness Prediction in Finish Turning", *International Journal of Advanced Manufacturing Technology,* Volume 20, pp. 348-356.

[13] Singh H. e Kumar P., "Optimizing Feed Force for Turned Parts Through The Taguchi

Technique", *Sadhana,* Volume 31, Número 6, pp. 671-681, 2006.

[14] R. Jalili Saffar, M.R. Razfar, A.H. Salimi e M.M. Khani "Optimization of Machining Parameters to Minimize Tool Deflection in The End Milling Operation Using Genetic Algorithm", *International Journal Of World Applied Sciences,* Vol. 6, pp 64-69, 2009

[15] Lan T.-S., Lo C. Y., Wang M. Y. e Yen A-Y, "Multi Quality Prediction Model of CNC Turning Using Back Propagation Network", *Information Technology Journal,* Volume 7, pp. 911-917, 2008.

[16] R. Thamma, "Comparison between multiple r egression models to study effect of turning parameters on the sur-face roughness," Proceedings of the 2008 IAJC-IJME International Conference, , Paper 133, pp. 1-12, 2008.

[17] Upinder Kumar Yadav, Deepak Narang & Pankaj Sharma Attri, "Experimental investigation and Optimization of machine parameters for surface roughness in CNC turning by Taguchi method", *International Journal of Engineering Research and Application,* vol. 2, Issue 4, pp. 2060-2065, 2012.

[18] Harish Kumar, Mohd. Abbas, Dr.Aas Mohammad &HasanZakir Jafri, "Optimization of Cut ting Parameters in CNC Turning", *International Journal of Engineering Research and Applications"",* vol. 3, Issue 3, pp. 331-334, 2013.

[19] Milon D. Selvam, Dr.A.K.Shaik Dawood e Dr. G. Karuppusami, "Otimização dos parâmetros de usinagem para a operação de fresamento de face em uma fresadora CNC vertical usando algoritmo genético" *IRACST - Engineering Science and Technology: An International Journal (ESTIJ),* ISSN: 2250-3498, Vol.2, No. 4, August 2012

[20] Deepak Mittal, M. P. Garg, Rajesh Khanna, "An Investigation of the Effect of Process Parameters on MRR in Turning Of Pure Titanium (Grade-2)", *International Journal of Engineering Science and Technology (IJEST).*

[21] Davinder Sethi, Vinod Kumar, "Modeling of Tool Wear in Turning EN 31 Alloy Steel Using Coated Carbide Inserts", *International Journal of Manufacturing, Materials, and Mechanical Engineering,* 2(3), 34-51, julho-setembro de 2012.

[22] R. Suresh, S. Basavarajappa, V.N. Gaitonde, G.L. Samuel, "Machinability Investigations on Hardened AISI 4340 Steel Using Coated Carbide Insert", *International Journal of Refractory Metals and Hard Materials,* página 75-86, 2012.

[23] Sahoo, P., "Optimization of Turning Parameters for Surface Roughness Using RSM and GA", *A Journal of Advances in Production Engineering & Management (APEM),* página 197-208, 2011.

[24] Mo Jamshidi, "Systems of Systems Engineering: Principles and Applications", CRC Press, Taylor and Francis Group

[25] Raymond H Mayers, Douglas C Montegomery, Christine Anderson Cook, "Response Surface Methodology: Process And Product Optimization Using Design Of Experiments", Willey Series, 3rd Edition.

[26] Garry W. Oehlert, "A First Course in Design and Analysis of Experiments" ISBN 07167-3510-5, 2nd Edition 2000.

[27] Ilhan Asiltürk, Süleyman Neseli, "Multi Response Optimisation of CNC Turning Parameters via Taguchi Method Based Response Surface Analysis", *Science Direct* 2012.

[28] http://www.prismtc.co.uk/display/ShowJournal?moduleId=2372153&categoryId=194174 ¤tPage=5

Printed by Books on Demand GmbH, Norderstedt / Germany